VOYAGE
DE JÉRUSALEM

PAR F.-M. TURPETIN

(De Baugency)

PRESTRE DU DIOCÈSE D'ORLÉANS

Publié pour la première fois d'après les manuscrits, avec une introduction et des notes

PAR A. COURET

Ancien magistrat,
Avocat à la Cour d'Appel d'Orléans,
Commandeur des Ordres de Pie IX et du Saint-Sépulcre.

ORLÉANS
H. HERLUISON, LIBRAIRE-ÉDITEUR
17, RUE JEANNE-D'ARC, 17

1889

VOYAGE

DE JÉRUSALEM

2769

O2f
780

Tiré à 82 exemplaires :

60 sur papier vergé.
10 sur vergé de Hollande.
12 sur vélin teinté.

N° 63

VOYAGE
DE JÉRUSALEM

PAR F.-M. TURPETIN

(De Baugency)

PRÊTRE DU DIOCÈSE D'ORLÉANS

BIBLIOTHÈQUE

Publié pour la première fois d'après les manuscrits,
avec une introduction et des notes

PAR A. COURET

Ancien magistrat,
Avocat à la Cour d'Appel d'Orléans,
Commandeur des Ordres de Pie IX et du Saint-Sépulcre.

ORLÉANS
H. HERLUISON, LIBRAIRE-ÉDITEUR
17, RUE JEANNE-D'ARC, 17

1889

PRÉFACE

'AXE *de la dévotion chrétienne s'incline de nouveau vers Jérusalem.*

Le flot des pèlerinages, chaque année plus nombreux, recommence, comme aux siècles héroïques des Croisades, à battre les rives de cette terre fatidique où se passa ce fait inouï, — rêve éternel de la douloureuse humanité, — de l'incarnation et de la mort d'un Dieu descendu ici-bas pour le salut des hommes.

Les anciennes Confréries des pèlerins de Jérusalem *se reforment : Lille a donné l'exemple (1); des* Comités, *précurseurs des* Confréries, *s'organisent de toutes parts : à Bordeaux, Valence, Agen, Amiens, Orléans, Le*

(1) ASSEMBLÉE DES CATHOLIQUES. Seizième année *(10, 11, 12, 13 et 14 mai 1887)*, Annexe. Rapport sur la Confrérie des pèlerins de Jérusalem établie à Lille, *par M. A Jonglez, de Lille, pages 431 à 434. (Paris, Bureau du Comité catholique, 35, rue de Grenelle, MDCCCLXXXVII, in-12.)*

Mans, etc. (1); et les catholiques de France se reprennent à dire en chœur les vers immortels que le Tasse met dans la bouche des premiers Croisés :

Ecco apparir Gerusalem si vede :
Ecco additar Gerusalem si scorge :
Ecco da mille voci unitamente
Gerusalemme salutar si sente (2).

Tout, d'ailleurs, ne ramène-t-il pas l'attention vers les Saints-Lieux? La vieille question d'Orient se ranime comme un feu mal éteint. De sourds frémissements agitent le monde oriental, de sanglants combats, à demi inconnus de l'Occident, se livrent dans la haute région du Nil, et font prévoir un nouvel épisode de la lutte engagée, depuis douze siècles, entre Chrétiens et Musulmans. Il n'est pas jusqu'aux établissements pieux fondés, auprès du Saint-Sépulcre, à Jérusalem, par les Puissances européennes, qui, par leur extension jalouse et leur proximité rivale, ne doivent fatalement amener un conflit décisif pour la possession exclusive de ce berceau et comme de ce cœur sanglant du Christianisme.

Dans ces conditions, le moment n'est-il pas favorable pour éditer le vieil itinéraire accompli, il y a près de deux cents ans, par un ORLÉANAIS *à Jérusalem?...*

(1) PÈLERINAGE DE PÉNITENCE EN TERRE-SAINTE. Communications faites par la direction aux anciens Pèlerins. Au Secrétariat du pèlerinage, *8, rue François-Ier, Paris, 1888-1889.*

(2) La Gerusalemme liberata di Torquato Tasso, *tomo primo, page 68, § III. (In Parigi, M.DCC.LXXI, gr. in-8°.)*

Les pèlerinages Orléanais en Terre sainte *sont rares.* Rome *et* Saint-Jacques de Compostelle, *c'était bien : on cheminait tout le temps en terre ferme et en pays Chrétien. On y allait assez volontiers, comme le prouvent* la maison de la Coquille, *la délicieuse* chapelle Saint-Jacques, *le curieux opuscule intitulé :*

Gvide
dv chemin qv'il
Favt tenir, povr aller
de la ville d'Orleans av voy
age de Sainct Iacques, le Grand, en Compostelle,
ville du Royaulme de Gallice aux Espagnes (1),

(1) HISTOIRE
DE LA VIE PREDICATION MAR
TYRE TRANSLATION
ET MIRACLES DE SAINCT IAC
ques *le Majeur Apostre de nostre Seigneur Iesu*
Christ *extraicte et recueillie, tant des saincts Euan*
giles, et actes des Apostres, que de plusieurs gra
ues Autheurs, tant antiens que modernes.
Item le diuin Office propre pour le jour de la feste sainct Iacques
auec l'Office de la Messe propre, du dict S. Iacques.
Plus la guide du chemin pour aller aux voyage de sainct Iacques en
Galice, sainct Saluateur, et Nostre-Dame du Montferrat.
Imprimé à Sens pour ROBERT COLLOT
Libraire demeurant en la rüe de lescriuinerie
pres saincte Croix à ORLEANS.
1595.
Avec privilège du Roy.

Cet ouvrage (petit in-8°), dont l'auteur est J. Gouin, fait partie de la belle bibliothèque de M. L. Jarry, qui a bien voulu me le communiquer avec la plus aimable obligeance, dont je le remercie bien cordialement.

les trois itinéraires d'Orléans à Rome, conservés, l'un au British Museum *(1), l'autre au Grand-Séminaire d'Orléans (2), le troisième à la Bibliothèque publique de la même ville (3), enfin l'intéressante plaquette, annexée à l'un des volumes manuscrits de la bibliothèque susénoncée et intitulée :*

CATALOGUE
DES CONFRÈRES PÈLERINS ROMAINS
PAYANS *Confrairies, avec l'Année de leur arrivée à Rome, & leur*
Demeure à Orléans, du premier Août 1784 *(4)*.

Mais Jérusalem !! Là-bas, dans les montagnes arides de la lointaine Judée, par delà la grande mer, en pays Sarrasin ! La traversée était si pénible, le vaisseau si peu

(1) Revue archéologique, *3e série, juillet et août 1885, pages 27, 28.*

(2) Intitulé :

Memoires
De Mon Voyage d'Italie
fait en L'année 1682.

Manuscrit in-folio de 76 pages.

(3) Voyage de Rome en 1700-1701, *écrit de la main de M. Fromentin, vicaire général de Mgr l'Évêque d'Orleans le Cardinal de Coislin. (Bibliothèque d'Orleans, manuscrits M. 387.)*

(4) A Orleans, de l'Imprimerie de JACOB, rue Saint-Sauveur. Feuille in-folio imprimee et inseree à la fin du ms. 435 de la Bibliothèque publique

sûr, les tempêtes si effrayantes, les privations si dures, le voyage si dispendieux, les corsaires Barbaresques si redoutables, les Arabes si pillards, les Turcs, maîtres des Saints Lieux, si barbares et si avides!... Il fallait, d'avance, faire son testament et se résigner à ne plus revoir ni la flèche de Sainte-Croix, ni la vieille tour de Beaugency.

*Cependant, on allait d'*Orléans en Terre Sainte : *sans cela, pourquoi ces croix de Jérusalem gravées sur l'écusson de la Confrérie des pèlerinages Orléanais* (1), *ainsi que sur cette pierre mutilée exhumée, en 1879 ou 1880, au*

d'Orléans, folio 232 (Manuscrits de Polluche). — Voir, à la suite, la brochure de 70 pages intitulée :

OFFICE
DE
S. PIERRE-ÈS-LIENS,
A L'USAGE
DE LA CONFRAIRIE
DES ROMAINS ;
Avec une Bulle de N. S. P. le Pape,
portant Indulgences en faveur de
cette Confrairie.
A Orléans,
De l'Imprimerie de la veuve ROUZEAU-MONTAUT, Imprimeur du Roi, etc.
M.DCC.LXXVIII.
Avec Approbation et Permission.

(1) *Conservée au* Musée historique *d'Orléans, et reproduite pour la première fois dans l'ouvrage intitulé :* L'Ordre du Saint-Sépulcre de Jérusalem depuis ses origines jusqu'à nos jours, par A. Couret, ancien

n° 3 de la rue Croix-de-Malte, et détruite par le vandalisme insoucieux de son indifférent propriétaire (1)?

Énumérons brièvement les principaux pèlerinages Orléanais (2) à Jérusalem.

Ce sont d'abord les Précurseurs des Croisades, *humbles et débonnaires pèlerins, à pied, sans armes (3), bourdon à la main, pannetière au côté, robe de bure et grand chapeau semé de coquilles.*

Citons-les par rang d'ancienneté. En premier lieu, les religieux envoyés par saint Euverte à Jérusalem pour y solliciter des reliques de la vraie croix; puis le légendaire Saint-Ay, *prétendu vicomte d'Orléans au VIe siècle : heureux pèlerins qui purent voir encore, debout dans leur splendeur, les merveilleux sanctuaires élevés par sainte Hélène et le grand Constantin (4)!*

Viennent ensuite, par ordre de date : le moine de Fleury, Raganaire (5), *envoyé par Louis-le-Débonnaire*

magistrat, avocat à la Cour d'appel d'Orléans, correspondant de la Société des Antiquaires de France. *(Orléans, Herluison, 1887, gr. in-4°.)*

(1) *Renseignement dû à M. Léon Dumuys.*

(2) *Nous prenons ici le mot* Orléanais *dans son sens le plus étendu, c'est-à-dire de : originaire, non seulement de la ville même d'Orléans, mais de toute l'ancienne* province de l'Orléanais.

(3) Archives de l'Orient latin, *tome I, page 50, texte et note 18 ; page 55, texte et note 2. (Paris, Ernest Leroux, 1881, gr. in-8°.)*

(4) ACTA SANCTORUM, *tome III de septembre, page 56, n° 13, et* die trigesima Augusti, *page 57, n° 9.* (Parisiis et Romæ, apud Victorem Palmé, bibliopolam. *1868, in-folio.)*

(5) Miracula sancti Benedicti, *liber primus, page 81, § XXXVIII.*

au Patriarche de Jérusalem (1); et, avec leur pieuse suite de prêtres et de moines, Gauzlin *ou* Gozlin, *abbé de Fleury-sur-Loire (1005) (?) (2);* Odolric de Broyes, *évêque d'Orléans au temps du bon roi Robert* (1025) (3), *lequel, dit-on, rapporta dans sa cathédrale une des lampes du Saint-Sépulcre; et, en 1060,* Hervé, *archidiacre d'Orléans et doyen du chapitre de Jargeau (4).*

Puis voici les fiers Croisés, *croix rouge sur l'épaule, audace sur le visage, triomphe dans le regard : Moines résolus comme le grave* Foucher de Chartres *(d'autres disent d'Orléans), aumônier du duc de Normandie (5), et consciencieux historien de la première Croisade; ou superbes Chevaliers, lance au poing, écu armorié au col, épée au flanc, éperon d'or au talon, vêtus de fer et montés sur de généreux coursiers. Saluons au passage ces intré-*

(Édition de la Société de l'Histoire de France. Paris, Renouard, M.DCCC.LVIII, in-8°.)

(1) *Ce patriarche pouvait être* Thomas, Basile *ou* Serge. *(Lequien,* Oriens christianus, *tome III, pages 323 à 370. Parisiis, ex typographia regia, M DCC.XL, 3 vol. in-folio.)*

(2) Archives de l'Orient latin, *tome I, partie A, page 34, note 2.* — Mémoires de la Société archéologique de l'Orléanais, *tome II, page 279, n° 3,* in fine.

(3) Raoul Glaber, *page 51 du tome dixième du* Recueil des historiens des Gaules et de la France, *etc., par des religieux Bénédictins de la congrégation de Saint-Maur. (A Paris, M.DCC.LX, in-folio.)*

(4) *Abbé Duchâteau,* Histoire du diocèse d'Orléans, *pages 104, 105. (Orléans, Herluison, 1888, in-8°.)*

(5) *Il fut ensuite chapelain du roi de Jérusalem Baudouin Ier.*

pides Orléanais. C'est d'abord Foucher, Eudes *et* Payen, *ancêtres de cette grande famille d'Orléans* (1) *qui plonge ses racines généalogiques au cœur même de la cité dont elle porte le nom;* Raoul (2) *et* Eudes (3) de Baugency (4), *dont parle le* Cartulaire de Saint-Avit, *si bien édité par M. Gaston Vignat;* Hugues de Chaumont, *seigneur de la Ronce, à Châteauneuf-sur-Loire, qui monta l'un des premiers sur les remparts de Jérusalem* (5); Étienne Henri, comte de Chartres et de Blois *(6);* Gilbert de Garlande, *père de l'évêque Manassès (7);* Geoffroy Borrel, *chevalier de Buri, abbé laïc du monastère de Bonne-Nouvelle d'Orléans, si dur envers ses moines et*

(1) Généalogie de la famille d'Orléans de Rère, *par M. de Vassal, archiviste honoraire du département du Loiret, pages 11 à 13, 16, 17 à 26. (Orléans, Herluison, 1862, in-4°.)*

(2) Cartulaire de Saint-Avit d'Orléans, *publié par M. G. Vignat, membre de la Société archéologique et historique de l'Orléanais, page 54, n° 26. (Orléans, Herluison, 1886, in-4°.)*

(3) Duchâteau, Histoire du diocèse d'Orléans, *page 114.*

(4) M. l'abbé Cochard, dans sa très intéressante étude, encore inédite, intitulée : Les pèlerins Orléanais d'autrefois et leurs confréries, *croit pouvoir signaler comme pèlerin de Terre-Sainte* Lancelin III, seigneur de Baugency, *au XI*[e] *siècle. Le pèlerinage de ce seigneur est, en effet, très probable, mais comme il résulte seulement, par voie de conséquence, du changement du vocable de l'église Saint-Étienne de Baugency en celui de* église du Saint-Sépulcre, *nous n'avons pas cru pouvoir faire figurer le* Lancelin *en question parmi les pèlerins Orléanais de Terre-Sainte.*

(5) Duchâteau, pages 114, 115.

(6) Guibert de Nogent, VII, 24. — Albert d'Aix, IX, 1, etc.

(7) Duchâteau, page 114.

dont la vue des Saints-Lieux ne put adoucir l'atrabilaire et despotique humeur (1); Guillaume, *seigneur de Gien* (1100), *mort novice à la Grande-Chartreuse* (2); *les farouches seigneurs du Puiset, ces turbulents antagonistes des premiers Capétiens* (3), *et les puissants comtes du Perche alliés aux rois d'Espagne et aux rois d'Angleterre* (4); Foucart Boël, noble Chartrain (5); Hugues de Mont-Barres et Hugues de Bazoches (1146) (6); *et les deux* Courtenay, Joscelin-le-Grand, comte d'Edesse, *et son vaillant cadet* Godefroy *ou* Geoffroy, dit Charpalu (7), *tué glorieu-*

(1) Recherches sur le monastère de Bonne-Nouvelle d'Orléans, *par M. de Vassal, pages 8, 10, 34, etc. (Orléans, 1842, in-8°.)*

(2) *Duchâteau, pages 114, 115.*

(3) Les seigneurs du Puiset (980-1789), *par Ch. Cuissard, professeur, pages 37 et suiv. (Châteaudun, Lecesne, M.DCCC.LXXX, in-8°.)*

(4) Archives de l'Orient latin, *tome I, partie A, page 103, note 24.* – *Œillet des Murs,* Histoire des comtes du Perche de la maison de Rotrou.

(5) *Voir aussi la liste de Croisés du pays Chartrain donnée pages cciv et ccv (prolégomènes) du* Cartulaire de l'abbaye de Saint-Père de Chartres, *par M. Guérard, tome I.* (Documents inédits sur l'histoire de France.) — Les seigneurs du Puiset, *par Ch. Cuissard, pages 39, 40.*

(6) *Duchâteau, page 127.*

(7) *L'un et l'autre fils puînés de* Joscelin Ier de Courtenay *et de sa seconde femme* Élisabeth de Montlhéry. *Il s'agit ici, bien entendu, de la* première maison de Courtenay, *celle qui se fondit plus tard, en 1150, dans une branche cadette des* Capétiens *par le mariage de* Élisabeth, dame et héritière de Courtenay, *avec* Pierre de France, *septième fils de Louis le Gros. Voir* Histoire généalogique de la maison de Courtenay, *etc., par M. du Bouchet, liv. I, page 8. (A Paris, M.DC.LXI, in-folio.)* —

sement, en 1135, à la bataille de Mont-Ferrand, et dont la mort, nous dit Guillaume de Tyr, excita le deuil général et fit couler les larmes de toute l'armée (1). J'allais oublier le plus aventureux de tous, l'insolent Renaud de Châtillon, *issu, dit-on, des seigneurs de Gien (2), et surnommé le* Satan des Francs, *qui, devenu par mariage seigneur de Karak et de Montréal, amena, par ses convoitises, la chute du royaume Latin de*

P. Anselme, Histoire généalogique et chronologique de la maison royale de France, *tome I, pages 473 et suiv.* — Les Familles d'outre-mer, *de du Cange (édition Rey), pages 297, 298. (Paris, Imprimerie impériale, M.DCCC.LXIX, in-4°.) — Ajoutons-y Pierre de France, fils de Louis-le-Gros, seigneur de Courtenay du chef de sa femme, qui, deux fois Croisé, visite deux fois Jérusalem. Nous ne le mentionnons que pour mémoire, car il n'est pas Orléanais d'origine.*

(1) *Guillaume de Tyr, lib. XIV, cap.* XXV.

(2) *C'est le sentiment du savant M. G. Schlumberger, page 664 du tome I, partie D, des* Archives de l'Orient latin. — *Du Cange,* Les Familles d'outre-mer *(édition Rey), le rattache tantôt aux seigneurs de Gien, tantôt à ceux de Châtillon-sur-Loing (pages 195 et 404). Pour nous, nous avouons avoir de très grands doutes sur l'origine Orléanaise de Renaud de Châtillon. Il est possible qu'il soit tout simplement le troisième fils de Henry, seigneur de Chastillon-sur-Marne, et d'Ermengarde de Montjay, et le frère puîné de Gaucher II du nom, seigneur de Chastillon, de Troisy et de Montjay (pages 28, 29, 30 de l'*Histoire de la maison de Chastillon sur Marne, contenant les actions plus mémorables des comtes de Blois et de Chartres, etc., par André du Chesne, Tourangeau, Géographe du Roy. *A Paris, M.DC.XXI, in-folio.) Nous devons faire remarquer, toutefois, que les armes qui figurent sur le sceau de notre Renaud de Chastillon ne sont point du tout celles de la maison de Chastillon-sur-Marne.* (Archives de l'Orient latin, *tome I, partie D, page 663.)*

Jérusalem, tenta de s'emparer de La Mecque, et fut décollé le soir de la bataille de Hattin, *de la propre main de* Salâh ed-Dîn *(1).*

Mais, hélas ! Jérusalem, à la suite d'un siège désespéré, est retombée, le 2 octobre 1187, aux mains sanguinaires du Musulman maudit. Le pape Urbain III en est mort de douleur ; la grande croix d'or, élevée par les Templiers au faîte de la mosquée d'Omar, a été précipitée sur le sol et traînée par les rues ; la couronne des rois Latins a été envoyée en présent au khalife de Bagdad (2).

Adieu le fier équipage du Croisé militant, l'armure chevaleresque et l'épée clairvoyante et joyeuse ! Il faut reprendre, sous le couteau du Turc et le bâton de l'Arabe, le misérable et dolent viatique du pèlerin d'autrefois : la robe de bure et le bourdon débile. Les chemins de Jérusalem sont redevenus la Via dolorosa...

Qu'importe ? Un invincible attrait enchaîne toujours au Saint-Sépulcre le cœur embrasé du chrétien ! On ira, la tête basse, le dos fléchi, muet, tremblant et en deuil, mais on ira quand même. On subira sans se plaindre, et

(1) Archives de l'Orient latin, *tome I, partie D, page 666. — Victor Guérin,* La Galilée, *tome I, pages 195 à 198. (Paris, Imprimerie nationale, M.DCCC.LXXX, 2 vol. gr. in-8°.)*

(2) L'Ordre du Saint-Sépulcre de Jérusalem, depuis ses origines jusqu'à nos jours, *par A. Couret, ancien Magistrat, avocat à la Cour d'appel d'Orléans, Correspondant de la Société des Antiquaires de France. (Orléans, Herluison, 1887, gr. in-4°.)*

surtout sans se venger, violences, outrages et exactions; on achètera chacun de ses pas sur cette terre sacrée d'une pièce d'or et d'une goutte de sang, mais on ira toujours.

On s'agenouillera dans la basilique du Saint-Sépulcre, veuve de ses ornements, dépouillée de ses trésors, à peine desservie par quelques prêtres effrayés ou quelques moines aux trois quarts martyrs (1). On se glissera, le cœur palpitant, dans la grotte intérieure du Sépulcre pour contempler, à la clarté fumeuse des lampes d'argent, la crypte auguste où se livra le mystérieux combat de la mort et de la vie, et le merveilleux sarcophage, tout embaumé des pleurs de Marie et des parfums de Madeleine, où se recueillit durant trois jours le corps du Dieu mis à mort par amour pour les hommes.

Orléanais! vous répondîtes en ces siècles de fer au magnétique appel que le sépulcre d'un Dieu, vainqueur de l'horrible mort, adressera perpétuellement à l'âme éperdue du fidèle, et vous reprîtes la route désolée de Jérusalem (2).

En 1217, c'est Jehan Pasquier, *d'Orléans, qui part*

(1) *Couret,* L'Ordre du Saint-Sépulcre de Jérusalem, *etc.*

(2) *Nous ne croyons devoir parler ici ni des Croisés de Philippe-Auguste : Pierre II de Courtenay et Guillaume IV, comte de Gien; ni des barons Orléanais compagnons de saint Louis, cités par M. l'abbé Duchâteau dans son excellente* Histoire du diocèse d'Orléans, *pages 137, 157, 158, les Croisés dont il s'agit n'étant pas parvenus jusqu'à Jérusalem.*

et ne revient pas (*1*). *En 1218, c'est l'évêque* Manassès d'Orléans, *suivi du bienheureux* Réginald de Saint-Gilles (2), *ex-doyen de l'église Saint-Aignan. En 1220, c'est* Reginald Aleri, *que l'on ne revoit plus* (*3*). *En 1239, ce sont les* bourgeois d'Orléans, *meurtriers de quelques trop turbulents* « Escholiers », *auxquels le bon saint Louis fait grâce de la corde, à charge d'aller outre-mer s'agenouiller sur le Saint-Sépulcre* (*4*), *momentanément de retour aux mains des Chrétiens* (*5*). *La même année, peut-être avec eux, part pour Jérusalem un chanoine de Saint-Pierre-Empont,* Hameric (*6*), *lequel, pour*

(*1*) Cartulaire de Notre-Dame de Voisins (ordre de Citeaux), *publié par J. Doinel. (Orléans, Herluison, 1887, in-8°.)* — Histoire de l'abbaye de Notre-Dame de Voisins, *par M. le comte de Pibrac, page 18.*

(*2*) *Symphorien Guyon,* Histoire de l'Église et diocèse, ville et université d'Orléans. Seconde partie, contenant l'histoire *d'Orléans durant quatre siècles et demi, depuis l'an 1201 jusqu'en l'an 1650. Sous la conduitte de 43 Evesques. Pages 15, 16. (Bibliothèque publique d'Orléans, E-669* bis, *in-folio.)* — La Vie dv bien-hevrevx Renavlt de S. Gilles, Doyen de S. Aignan d'Orleans, et depuis Religieux de Saint-Dominique, *pages 6, 29 à 31. (A Paris, chez la veuve Iean Camvsat et Pierre le Petit, rüe S. Iacques, à la Toyson d'Or, M.DC.XLV. Bibliothèque d'Orléans, E-1264, in-12.)*

(*3*) Cartulaire de Notre-Dame de Voisins, *n° 116, page 123.*

(*4*) *Lemaire,* Université d'Orléans (Histoire et antiquitez de la ville et duché d'Orleans), *tome I, pages 336, 337, édit. in-folio.*

(*5*) *En vertu du traité passé entre l'Empereur Frédéric II d'Allemagne et le Sultan d'Égypte* El-Malec el-Camel, *neveu de* Salâh el-Din. (L'Ordre du Saint-Sépulcre de Jérusalem, depuis ses origines jusques à nos jours, *par A. Couret, page 12.)*

(*6*) *Fragment du Cartulaire de Saint-Pierre-Empont.* Notices et ex-

subvenir aux frais de son voyage, vend au Chapitre de Saint-Pierre sa maison sise dans le quartier de la Juiverie.

Puis, la Guerre dé cent ans *se déchaîne, le silence se fait à demi* (1), *en France, autour des Saints-Lieux. Il faut avec Du Guesclin, Clisson, Albret, Dunois, La Hire et Jeanne d'Arc, il faut défendre le sol national et chasser l'Anglais abhorré; il faut, avant de visiter le tombeau du Christ, empêcher la Patrie française, Pologne anticipée, de descendre vivante au sépulcre. Orléanais, vous payâtes, en ces jours, d'un cœur généreux, votre dette à la France: comme le Consul romain, assailli par la foule en délire, vous pouvez, la main haute, jurer que* vous avez sauvé la Patrie !...

Cependant, après l'expulsion de l'Anglais, les pèlerinages reprennent, timides d'abord et comme incertains, puis nombreux et en quelque sorte précipités (2).

Dès le XVe siècle, dit-on, Roland Asselineau, *curé*

traits du manuscrit 863 du fonds de la reine Christine au Vatican, *par Maurice Prou, pages 19 et 20. (Rome, imprimerie de Philippe Cuggiani, 1888. Brochure in-8° de 29 pages.)*

(1) Ce serait, en effet, une erreur de croire que la guerre de Cent-Ans *amena une suspension complète des pèlerinages aux Saints-Lieux. Voir à ce sujet :* Archives de l'Orient latin, *tome II, 1re partie, page 13; et surtout le beau livre de M. J. Delaville le Roux, intitulé :* La France en Orient au XIVe siècle, etc. *(Paris, Thorin, 1885-1886, 2 vol. in-8°.)*

(2) On en trouve la preuve manifeste dans le précieux manuscrit intitulé : Le Registre des chevaliers et voyageurs en la Terre-Sainte, *in-folio de 420 feuillets, de la bibliothèque de M. le chanoine Laurent de Saint-Aignan, à Orléans.*

de Vieilles-Maisons, était un ancien pèlerin du Saint-Sépulcre (1). *Puis, grâce à de récentes découvertes et à d'obligeantes communications* (2), *nous pouvons signaler successivement, de la fin du XVI*e *siècle au milieu du XVIII*e, *cinq pèlerinages* Orléanais *en Terre-Sainte.*

D'abord, vers 1575 ou 1576, honorable homme Louis de Rufin, *bourgeois de Paris, mais originaire de Meung-sur-Loire et bienfaiteur de l'église paroissiale de cette ville. Pèlerin intrépide, il mourut, en 1580, durant un pèlerinage à Notre-Dame de Lorette* (3).

En 1583, noble homme Jacques Miscelet, *de Nogent-le-Rotrou, reçu Chevalier sur le Saint-Sépulcre le 25 mai 1583, des mains de frère Ange Stello* (4).

(1) *Abbé Patron,* Recherches historiques sur l'Orléanais; *etc., tome II, page 230. (Orléans, 1871, 2 vol. in-8°.) On sait que malheureusement ce livre, œuvre d'un digne et excellent ecclésiastique, manque absolument de critique.*

(2) *Je saisis avec empressement l'occasion de remercier très affectueusement les personnes qui ont bien voulu me donner des renseignements sur ce sujet peu connu des pèlerinages Orléanais en Terre-Sainte : M. l'abbé Cochard, ancien directeur de N.-D. de Bethléem de Ferrières, M. Louis Jarry, M. Ch. Cuissard, et mon excellent ami M. le chanoine Laurent de Saint-Aignan.*

(3) Épitaphes et Inscriptions qui se trouvent dans la ville d'Orléans et dans le Diocèse. Recueillies par M. Daniel Polluche. Mises en ordre par D. L. F., Bibliothécaire de Bonne-Nouvelle, 1780; *pages 342, 343. (Bibliothèque publique de la ville d'Orléans, manuscrits de Polluche, M-461.)*

(4) Registre des chevaliers et voyageurs en la Terre-Sainte,

En 1603, Guillaume Bertet, *bourgeois de Châtillon-sur-Loing* (1).

En 1618, Bernard Lochon, de Blois, créé, comme Jacques Miscelet, Chevalier du Saint-Sépulcre, le 8 avril 1618, par frère Basilius Basilii a Caprarola (2).

Enfin, en 1740, frère Cosme Le Meunier, *cordelier de la province de Touraine, originaire d'Orléans, et dont les lettres de pèlerinage sont délivrées, le 30 décembre 1740, par frère* Paulus de Lorino (3).

Voilà, à peu près, tout ce que nous savions jusqu'ici sur les pèlerinages Orléanais en Terre-Sainte dans l'Ancien Régime, mais un favorable hasard nous met à même de vous signaler un nouveau pèlerin à Jérusalem, qui se place, par sa date (1715-1716), entre les deux derniers de ceux que nous venons d'énumérer.

Permettez-moi de vous le présenter.

Il s'appelle François-Michel TURPETIN. *Né à Baugency, le 28 octobre 1680, il appartenait à une excellente famille bourgeoise, encore actuellement existante, de*

folio 226. Ce très précieux manuscrit, provenant des archives de l'ancienne Archiconfrérie du Saint-Sépulcre de Jérusalem, *établie dans la grande église des Cordeliers de Paris, fait aujourd'hui partie de la belle bibliothèque Palestinienne de M. le chanoine Laurent de Saint-Aignan, à Orléans.*

(1) Idem, *folio 232. Lettres du 16 décembre 1603, délivrées par Frère* Cesarius a Trino.

(2) Idem, *folio 262. Lettres du 8 avril 1618.*

(3) Idem, *folio 410, verso. Lettres du 30 décembre 1740.*

cette charmante petite ville, l'un des joyaux du vieil Orléanais. Il avait fait de bonnes études au Petit-Séminaire d'Orléans, et exercé longtemps les fonctions recherchées d'Officier au grenier à sel de Baugency, charge qui, paraît-il, conférait la noblesse. Devenu veuf, il se démit de son office, accomplit son pèlerinage outre-mer; entra, à son retour, au Grand-Séminaire d'Orléans, reçut l'ordination; essaya, durant quelques mois, de mener dans toute sa rigueur la vie érémitique, et fut nommé, en 1740, Maître spirituel (c'est-à-dire aumônier) de l'Hôtel-Dieu de Baugency, fonctions qu'il conserva jusqu'à sa mort, survenue le 19 septembre 1747. L'un de ses fils fut échevin de Baugency de 1760 à 1762; un de ses descendants était Maire de cette ville en 1789; cette famille est encore très honorablement représentée à Baugency (1).

Lisez le récit de son pèlerinage, cher lecteur, et vous n'aurez point, comme le sansonnet d'Horace, perdu ni votre temps ni votre peine.

Il est sans prétentions, simple, exact, véridique : miroir tranquille et sûr de ce qu'était la Terre-Sainte dans

(1) Vie de M. l'abbé Lemaire, chanoine d'Orléans, directeur des Ursulines de Baugency, *par M. l'abbé Rousseau, de Baugency, page 168, texte et note 1. (Orléans, E. Herluison, 1849, in-8°.)* — Essais historiques sur la ville et le canton de Beaugency, *par M. Pellieux. Nouvelle édition, par M. Lorin de Chaffin, tome second, pages 377 à 379. (Orléans, H. Herluison, 1856, in-8°.)*

les premières années du XVIIIe siècle, et de ce qu'il fallait subir de misères et d'épreuves avant d'y aborder et d'en revenir.

N'y cherchez ni les élans d'enthousiasme et les éclairs de génie d'un Châteaubriand, ni les curieuses et un peu crédules recherches d'un Mislin, ni le charme poignant et la science d'un Vogué, ni les révélations topographiques d'un Victor Guérin, ni même les trésors de détails et de légendes du Père Boucher, dans son livre intitulé le Bouquet sacré, *etc. Non, c'est l'œuvre d'un cœur simple, d'un esprit juste, tempéré, point romanesque ni héroïque, même un peu froid, mais instruit, lettré et qui raconte modestement, franchement, naïvement, ce qu'il a vu. On dirait le prône d'un bon prêtre qui, monté en chaire à son retour d'outre-mer, conte paternellement à ses paroissiens attentifs les péripéties de son itinéraire :*

J'étais là, telle chose m'avint.

Il n'est pas un héros et ne veut point passer pour tel : la tempête l'a ému, et il le dit ; les corsaires l'ont effrayé, et il le reconnaît ; la traversée l'a horriblement éprouvé, et il n'en fait pas mystère; les Arabes pillards, avec leur figure basanée, leurs regards et leurs cris féroces, leurs haches et leurs massues, l'ont fait bien souvent frémir, et c'est lui-même qui nous l'apprend. Mais il se dégage de ce récit un tel parfum d'honnêteté, de vérité, de modestie, de franchise, un amour si fidèle de la chrétienté orientale, de la France et de l'Orient latin; tout est si juste, si exact, si calme, si réel, si vécu; il accepte si doucement, avec tant de patiente énergie et de pieuse résolution, les inconvénients de sa pénible entreprise, les injures des Janissaires, les coups de trique des Bédouins, que l'on se prend à aimer, comme malgré soi, ce vieux pèlerin qui, sans enthousiasme, sans chaleur, sans grande illusion, sans entraînement, mais toutefois avec le degré d'émotion convenable, la foi la plus entière et la conviction la plus scrupuleuse, nous expose les circonstances de son aventureux et pénible voyage.

Parti le 24 avril 1715, — quelques mois avant la mort du roi Louis XIV, — de sa ville natale de Baugency, Turpetin *était de retour le 29 avril 1716, un an et cinq jours après son départ. Ses compatriotes le virent revenir avec joie, mais ne lui dissimulèrent point combien sa témérité avait été généralement désapprouvée.*

Et cependant, sauf deux ou trois coups de mer, quelques démonstrations des corsaires Marocains, et bon nombre de coups de bâton échappés de la main peu retenue des Arabes mendiants, son voyage, en somme, avait été exceptionnellement favorable. Le départ de Marseille, sur le bateau le Saint-Louis, *avait eu lieu le 1er juin 1715; le 18, on relâcha à Malte, dont Turpetin admira les riches églises et les superbes fortifications; le 11 juillet, on arrive à Sidon; on change de bateau et l'on longe la côte jusqu'au port de Jaffa, après avoir salué au passage les ruines de Tyr, de Saint-Jean-d'Acre et de Césarée.*

On se joint à une caravane en partance, et, le 21 juillet, on parvient à Jérusalem par Lidda, Rama et Saint-Jérémie, célèbre par sa belle église, bâtie par les Croisés, mais quelque peu imitée de l'art arabe.

Nous ne décrirons point le séjour de Turpetin à Jérusalem, chez les Franciscains, au couvent de Saint-Sauveur, ni ses pérégrinations en Terre-Sainte, ni son retour par Livourne, Rome, Lorette, Assise, Florence, Cannes, Saint-Maximin et la Sainte-Baume, Marseille, Valence, etc. Lisez-le, lecteur! Nul résumé, fût-il de la main des Neuf Sœurs, ne vaut la saveur de l'original, les réflexions personnelles du voyageur, la sensation de réalité, de vie, qui émane des choses vues et vécues. Avec ce volume, jusqu'alors inédit, Turpetin *entre désormais dans le clair-obscur, la pénombre, et comme les Champs-Élysées, des auteurs estimables, mais peu connus et peu éclatants. L'Orléanais compte un écrivain et un lettré de plus, et surtout, ce qui vaut mieux, la mémoire d'un honnête homme sort de l'oubli.*

Un mot encore sur les origines et comme la genèse de l'ouvrage que nous publions : il est la copie, exécutée à Orléans, « en lettres moulées », au mois de novembre 1740, par le Sr E.-G. Sello, *calligraphe, du manuscrit original écrit de la main même de Turpetin, et conservé, dit-on, à la bibliothèque de l'Arsenal, sous le n° 3552. Ce dernier volume, provenant de la bibliothèque des Augustins du faubourg Saint-Germain, porte un titre un peu différent du nôtre :*

Voyage de Monsieur Turpetin, depuis prêtre du diocèse d'Orléans, et auparavant officier du grenier à sel de Baugency.

Mais c'est bien du même ouvrage et du même auteur qu'il s'agit.

Un autre exemplaire, dont le récit, paraît-il, est un peu plus détaillé, se trouve, dit-on, aux mains de la famille Turpetin, à Baugency.

Surtout félicitons notre honorable éditeur de ce nouveau service qu'il rend aux lettres Orléanaises et aux amis de la Terre-Sainte en publiant cette intéressante relation d'un des derniers pèlerinages Français à Jérusalem avant la Révolution.

COURET,

Ancien Magistrat,
Avocat à la Cour d'appel d'Orléans.
Correspondant de la Société des Antiquaires de France.
Commandeur de l'ordre du Saint-Sépulcre.

NARRATION
DU VOYAGE
DE JÉRUSALEM

FAIT PAR LE SIEUR TURPETIN

PRESTRE DU DIOCÈSE D'ORLÉANS
DEMEURANT EN LA VILLE DE BAUGENCY

Tirée sur l'original et écrit en moulé par

E. G. SELLO

Demeurant audit Orléans, le 22 novembre 1740.

VOYAGE

DE

JÉRUSALEM

I

VOYAGE A TRAVERS LA FRANCE

DEPUIS longtemps, j'avois un grand désir de voir les saints lieux de Jérusalem, ces lieux que le Sauveur de nos âmes a si souvent parcourus pendant qu'il a été sur la terre, où il a opéré tant de merveilles et où il est enfin mort pour notre salut; mais, quelque grand que fût ce désir, je n'aurois jamais pensé à l'exécution, par rapport à mes enfants, sans un dessein que je formai et que je crus pouvoir plus facilement exécuter dans la Terre-Sainte que partout ailleurs ; ce dessein étant fort avantageux pour mes enfants et pour moi, je ne pensai plus qu'à bien régler toutes mes affaires et à éprouver si j'aurois assez de fermeté pour entreprendre ce saint voyage.

Je laissai passer beaucoup de temps, et bien loin que ma résolution changeât, elle s'augmentoit tous les jours de plus en plus ainsi. Après avoir souvent prié le Seigneur de ne pas permettre que je fisse quelque chose contre sa volonté, après lui avoir recommandé cette entreprise, fait dire une Messe à cette intention, imploré le secours de la très Sainte Vierge, je partis de Beaugency le 24 avril 1715, et je fus coucher à Orléans. L'eau qui tomba pendant une grande partie de la journée ne me retarda pas d'un moment.

Je restai à Orléans le jeudi 26, et la nuit du vendredi, sur les deux heures, je me mis dans le carrosse de Paris, où j'arrivai le lendemain au soir ; je séjournai à Paris le dimanche, et le lundi je pris la voiture ordinaire de Moulins. J'eus le bonheur de me rencontrer avec d'honnêtes gens.

Nous fûmes coucher à Essonnes, et nous passâmes ensuite par Fontainebleau, Nemours, Montargis, Briare, Cosne, Pouilly, La Charité, Nevers, Saint-Pierre-le-Moutier, et nous arrivâmes à Moulins le 5 mai.

Moulins est une ville assez grande, agréable ; entre les églises et maisons religieuses, celle des Chartreux fait plaisir à voir. Cette ville est encore renommée par ses eaux médicinales et par le commerce des couteaux et ciseaux qu'on y fait avec beaucoup de propreté. J'en partis le lendemain et, ayant passé par Varennes, La Palisse, La Pacaudière, Roanne, Saint-Symphorien, Tarare, Bully-la-Tour, j'arrivai à Lyon le samedi 11 mai. Cette route est fort agréable; il y a des points de vue charmants, des forêts, des collines, des montagnes qui paraissent en éloignement, des ruisseaux; en un mot, on y voit des aspects des plus agréables.

Le coche qui descend à Avignon partoit ce même jour à midi; ainsi profiter d'une si bonne occasion, je remis à voir Lyon à mon retour, si Dieu me fait cette grâce. Je m'embarquai donc avec un grand nombre de personnes, religieux et officiers, marchands et soldats. On paye au bureau 6 livres pour le voyage, et on vit à très bon marché sur cette route.

En descendant le Rhône, nous passâmes le long des murs de Vienne; c'est une ville fort ancienne; on tient que Pilate y fut envoyé en exil. Il y avoit autrefois un très beau pont, qui, présentement, est tout ruiné. Nous passâmes ensuite par Condrieu, Tournon, Valence, Livron et autres petites villes. Le Saint-Esprit, la ville, est peu de chose, mais le pont est un très bel ouvrage. Nous arrivâmes le lundi 13 mai à Avignon.

Avignon est un archevêché; c'est une ville riche et grande; les murs qui l'environnent sont de pierres de taille, avec des créneaux ; il ne s'en voit guère de semblables. Il y a beaucoup de marchands, quantité de Juifs, et afin que l'on connoisse cette malheureuse nation, qui est en horreur dans presque tous les pays, ils sont obligés de porter des chapeaux jaunes. J'entendis la messe à Notre-Dame, où il y a beaucoup de saintes reliques, de belles peintures et de beaux tombeaux. Le chapitre est considérable ; les chanoines sont habillés de moire rouge, ce qui leur donne beaucoup de majesté. Il y a encore dans cette ville une université, beaucoup d'églises et de maisons de religieux, de collèges. Il y avait autrefois 7 paroisses, 7 couvents de religieux, autant de religieuses, 7 hôpitaux, 7 collèges, 7 palais, 7 portes ; mais, à présent, il y a quelque chose de changé. Le pont, qui est presque tout détruit, étoit un grand ouvrage qu'on a toujours cru avoir été bâti par miracle. Je partis d'Avignon le mercredi 15 mai et j'arrivai le 16 à Marseille.

II

ARRIVÉE A MARSEILLE ET DESCRIPTION DE CETTE VILLE

Marseille étoit autrefois une république. C'est une ville fort ancienne et des plus considérables ; les maisons y sont bien bâties. Le port est un des plus beaux de France ; deux fortes citadelles en défendent l'entrée, et en mer il y a des forts aux environs qui rendent cette ville presque imprenable de ce côté-là. Il y a des églises très belles et très anciennes. Notre-Dame-de-la-Major étoit un temple dédié aux Idoles, qu'on tient avoir été consacré au vrai Dieu par saint Lazare ; on garde en ce lieu la tête de ce grand ami de Jésus-Christ. Il y a un chapitre dans cette église, ainsi que dans celles de Saint-Victor, de Notre-Dame-des-Accoutes et de Saint-Martin.

Les églises des RR. Pères Récollets, Jésuites et Capucins sont très agréables. Le Cours, qui est le lieu de la promenade, est toujours rempli d'un nombre infini de personnes depuis le matin jusqu'au soir ; il est bordé de mûriers blancs des deux côtés, qui forment une trés belle allée, et tout le long, il y a des sièges de pierre de taille fort propres. Marseille est si peuplée, qu'on m'a dit que dans la paroisse de Saint-Martin, il y avoit plus de quarante mille personnes. Il y a dans cette église et dans celle de Notre-Dame-des-Accoutes l'Adoration perpétuelle du Saint-Sacrement ; quand on le porte aux malades, il s'y trouve toujours une quantité d'honnêtes gens qui l'accompagnent avec des flambeaux de cire blanche, et chacun y court avec beaucoup de dévotion.

Il y a quantité de riches marchands, et c'est le lieu où se fait presque tout le commerce du Levant ; au dehors, il y a une si grande quantité de bastides, c'est-à-dire de maisons de campagne, qu'on diroit que ce seroit une grande ville ; on en fait monter le nombre à dix-sept mille. Le port, quoique très grand, a toujours été rempli pendant que j'y ai été de galères, vaisseaux et barques. L'arsenal, les magasins où sont les vivres et autres choses qui concernent les galères, sont des bâtiments magnifiques.

L'hôtel-de-ville est très beau ; le bas consiste en une grande salle qui contient tout le bâtiment ; on l'appelle la Loge, c'est-à-dire la bourse. C'est là où s'assemblent tous les jours les marchands, depuis huit heures du matin jusqu'à midi, et depuis deux heures jusqu'à huit heures du soir. En été, il y a quelquefois tant de monde qu'on a peine à y entrer; les bons négociants ne manquent point d'y aller tous les jours. Là, on traite de tout ce qui regarde le commerce ; si un marchand manquoit plusieurs jours de s'y trouver, on le soupçonneroit de banqueroute.

Dans cette salle sont affichés des billets qui marquent les vaisseaux qui doivent faire voile, l'endroit où ils vont, le jour de leur départ, le nombre de l'équipage, le nom du capitaine, les personnes auxquelles il faut s'adresser, soit qu'on veuille s'embarquer ou faire embarquer quelque chose ; c'est là que je connus que le pinque nommé le *Saint-Louis*, commandé par le capitaine Jean Rousseau, étoit prêt à faire voile pour Seïde, ville de Syrie, distante d'environ cent vingt milles de Jaffa, première ville de la Terre-Sainte. M. Morin, marchand de Marseille, qui fretoit le vaisseau, me fit parler au capitaine. Il me demanda d'abord pour me nourrir pendant le voyage, manger à sa table et pour le passage, vingt-cinq écus, et enfin se contenta à soixante livres, qui est un prix très modique ; la table est servie frugalement, aussi ne doit-on pas beaucoup manger sur mer ; il seroit à souhaiter que l'on vécût toujours de la même manière, car, outre que l'on éviteroit beaucoup de fautes dont la plus grande partie viennent de l'intempérance, il est certain qu'on s'en porteroit mieux, et qu'on serait beaucoup mieux en état de s'acquitter fidèlement de ses devoirs. Il est vrai, qu'une personne d'une complexion délicate pourroit avoir de la peine à s'accoutumer à leurs mets, leur manière de les accommoder étant presque toute différente de la nôtre ; pour moi, à qui souvent un petit morceau de biscuit et deux ou trois verres de vin suffisoient, je supportois assez cette manière de vivre, qui ne paroît effectivement un peu dure que parce qu'on n'y est pas accoutumé.

Il seroit difficile d'exprimer la joie que je ressentis de me voir en état de faire un voyage que j'avais si longtemps et si ardemment désiré ; cette joie s'augmenta bien davantage, quand, le samedi 1er juin, on m'avertit qu'il falloit partir ; je doutois presque que ce fût une vérité, et j'avois peine à me persuader que cela fût vrai, tant j'avois appréhendé de ne pouvoir en venir à bout.

Je m'embarquai donc dans une petite felouque, en la compagnie du R. P. Bigot, religieux de l'Observance ; de M. Bertrand, marchand de Marseille ;

de M. Soubiran, pour aller joindre notre pinque qui étoit aux îles, et qui n'attendoit plus que nous. Dès la nuit, on mit à la voile, et nous commençâmes à faire route; nous fûmes très fâchés de ne pouvoir entendre la messe. Le lendemain, le vent nous fut si contraire, que nous ne pûmes aller qu'à Port-Miou, distant d'environ deux lieues de l'endroit d'où nous étions partis. Ce petit port a l'entrée fort étroite; il est environné de petites montagnes : les vaisseaux y sont tout à fait à l'abri des vents.

Le lundi, on mit la chaloupe à la mer, pour aller à Cassis entendre la Messe. Ce bourg est grand et fort agréable, bien bâti, situé sur le bord de la mer; le port est peu de chose; il est défendu par une petite forteresse. Notre capitaine y acheta du vin, qui y est à très bon marché, et y fit de l'eau pour le voyage.

III

DÉPART DE MARSEILLE ET TRAVERSÉE DE LA MÉDITERRANÉE JUSQU'A MALTE

Nous partîmes de Port-Miou le mardi 4 juin avec un vent très faible. Le mercredi nous fut plus favorable; un bon vent s'étant levé nous fit bientôt perdre la terre de vue et nous donna l'espérance d'une prompte et bonne navigation; le vent se calma le jeudi, mais nous eûmes d'ailleurs un grand divertissement.

Nous vîmes pendant un temps assez considérable de ces grands poissons que les Provençaux appellent mulasses. Ce sont des espèces de baleines : les unes jetaient de l'eau fort haut, les autres s'élevoient en l'air d'une manière surprenante ; il y en avoit qu'on estimoit plus grosses que notre vaisseau. Des dauphins qui couroient les uns après les autres me surprirent bien davantage ; comme les pierres plates que les enfants s'amusent à jeter sur l'eau font plusieurs bonds avant de tomber au fonds, de même ces animaux en bondissant firent près d'un quart de lieue autour de notre vaisseau. J'aurois eu de la peine à croire une chose semblable si je ne l'avois vue de mes yeux, car il faut que ces poissons aient une vivacité et une force extraordinaires ; ce plaisir tempéroit un peu le chagrin que le calme nous donnoit.

Ce même jour, sur les deux heures, le vent, quoique faible, nous faisoit un peu avancer, lorsque nous aperçûmes deux vaisseaux qui venoient à nous. Cela alarma si fort notre capitaine, qu'il commanda de revirer de bord et de prendre la route de Marseille ; ce fut un coup fâcheux pour moi, rien ne me pouvoit chagriner davantage ; heureusement ma peine ne fut pas de longue durée ; bientôt nous perdîmes de vue ces navires et peu après on reprit la route de la Terre-Sainte, que je désirois.

Le vendredi 7 juin, nous eûmes le vent si bon que

dès le soir nous découvrîmes les côtes de Sardaigne; un de nos matelots donna un coup d'arpon à un dauphin fort à propos, mais quoique nous lui vissions perdre tout son sang, la rapidité avec laquelle nous voguions et les efforts de cet animal firent qu'il s'échappa de nos mains.

Le samedi, nous passâmes devant la Sardaigne, qui a environ cent cinquante milles de longueur. La mer, qui étoit émue, nous ballotta un peu le matin; le vent s'augmenta encore après midi et nous fit faire beaucoup de chemin; c'était un plaisir sensible d'être sur le gaillard et de voir notre petit vaisseau fendre les ondes; il le faisoit avec tant de violence que quelquefois il semblait se dérober de dessous nous.

Ce bon vent ne fut pas de longue durée, car le dimanche 9 juin, jour de la Pentecôte, il se tourna si contraire que nous fûmes obligés de mouiller aux îles Saint-Pierre, côte de Sardaigne. Nous en partîmes le lundi à trois heures du soir, et environ une heure après, un vaisseau qui sembloit venir sur nous nous donna d'étranges inquiétudes; on ne doutoit presque plus, par rapport à la manœuvre, qu'il ne fût saletin, gens barbares et impitoyables. Déjà l'idée de l'esclavage occupoit nos esprits; je ne sais même si quelqu'un de nous ne s'imaginoit déjà être conduit dans ces vastes déserts de l'Afrique, soit pour y labourer la terre, ou pour y conduire un troupeau sur des roches arides et brûlées par la grande ardeur du soleil.

Un calme qui nous prit nous ôtait presque tout moyen de fuir ; cependant, on crut qu'il falloit prendre cette voie, et que d'en user autrement, ce seroit s'exposer mal à propos. Nous n'avions que vingt-cinq ou trente hommes d'équipage, deux canons et huit pierriers, et ce vaisseau nous paraissoit de trente ou quarante pièces de canons, et il pouvoit avoir trois ou quatre cents hommes dedans.

Nous eûmes donc recours à de grands avirons, afin d'aider à un petit vent qui se leva ; chacun mit la main à la rame, et la nuit étant venue à notre secours, nous fîmes tous nos efforts pour nous éloigner de ce dangereux ennemi. Le premier recours contre les périls est la prière et une grande confiance en Dieu ; car enfin, si Dieu est pour nous, qui peut être contre nous ? Nous ne vîmes plus de vaisseau le lendemain, et le vent, qui s'étoit levé tout à fait contraire, nous obligea de jeter l'ancre à l'île Rousse, qui dépend de la Sardaigne.

Cette côte est remplie de rochers, de montagnes couvertes d'oliviers sauvages et quelques autres arbres ; il y a des tours d'espace en espace, tout le long, de manière que s'il arrivoit que les Turcs ou autres voulussent faire quelque descente, on le sauroit en peu de temps partout, par le moyen des feux qu'ils ont soin d'allumer au haut de ces tours. Nous y restâmes le mercredi 12 juin, toute la journée, et pour nous divertir un peu, nous descendîmes le soir dans la chaloupe, afin de nous aller promener dans une petite île peu éloignée du lieu d'où nous avions jeté l'ancre : ce n'étoit, à proprement parler, que plusieurs rochers joints ensemble qui, par leur hauteur et leur diversité, formoient un lieu fort solitaire et fort agréable. On voyait au bas de ces rochers, de petits bois de myrtes tout fleuris : le bruit des oiseaux et des flots donnoient de grands agréments à ce petit lieu.

Le vent continua le jeudi de nous être contraire, ce qui nous donna occasion de descendre à terre, afin d'aller voir un Alcade, c'est-à-dire gouverneur d'une tour. Il n'y étoit pas; nous y trouvâmes seulement trois soldats qui gardaient ce poste; c'étoit des gens mal habillés; ils avoient de longues barbes et ressembloient plutôt à des Turcs qu'à des soldats de l'Europe.

On peut dire que, sur la mer, il se trouve souvent des sujets de crainte. Pendant qu'à l'abri de certains rochers, nous attendions le vent favorable, nous fûmes frappés, la nuit du jeudi au vendredi, d'un coup de vent si terrible, que l'ancre, qu'on avoit jetée, ne put soutenir sa violence : on fut obligé de couper un câble qui tenoit à des roches voisines, et nous fûmes fort heureux que notre vaisseau ne s'y brisât pas ; je m'éveillai au bruit, et ce qui augmenta ma crainte fut la précipitation avec laquelle on manœuvroit. Le ciel étoit tout en feu, par le grand nombre d'éclairs qui se succédoient les uns aux autres ; le tonnerre se faisoit entendre d'une manière terrible : on ne voit guère de pareil temps sur la terre; on jeta d'autres ancres, et par la grâce du Seigneur, il ne nous arriva aucun mal.

Le vendredi 14, un bon vent nous tira enfin des côtes de Sardaigne. Comme il étoit très fort et que la mer étoit grosse, nous fûmes fort tourmentés; le gros temps continuant encore la nuit suivante, nous la passâmes avec beaucoup de frayeur et de crainte. Les roulements du vaisseau étoient très grands; les bruits et les cris des matelots me faisoient d'autant plus de peur que je n'entendois pas ce qu'ils disoient, et ils agissoient à tout moment comme si nous eussions été dans le dernier péril.

Le samedi, veille de la sainte Trinité, le vent s'apaisa un peu; mais un vaisseau qui venoit sur nous obligea notre capitaine de changer de route. La mer, qui étoit encore grosse et qui nous frappoit de travers, nous causa de nouveaux chagrins, mais alors que nous nous fûmes éloignés de ce vaisseau, nous reprîmes le vent, qui nous étoit favorable, de manière qu'après midi, nous découvrîmes le cap Blanc et la côte de Barbarie.

Nous nous trouvâmes le dimanche, fête de la très sainte Trinité, proche l'île de la Pantellerie; elle n'est pas fort grande, mais elle est fort agréable. Quoique nous en fussions à deux ou trois lieues, nous voyions le pays comme si nous eussions été dedans; nous y découvrîmes une ville qui paraissoit fort jolie, une forteresse, des bastides. On dit que cette île se peut passer de ses voisins et qu'il y croît tout ce qui est nécessaire à l'homme ; elle appartient au roi d'Espagne.

Le lundi 17, le vent se calma ; nous découvrîmes les Goses, petites îles qui dépendent de Malte et qui en sont peu éloignées. Le mardi, nous passâmes devant avec un vent si faible que nous eûmes tout le loisir d'examiner la côte ; ce ne sont que des collines qui nous paraissoient très fertiles. On découvre beaucoup de villages, de maisons, quantité de forts; nous y remarquâmes une ville qui nous parut assez belle. Ce pays est abondant en oliviers, figuiers et orangers.

Le mardi, sur le soir, nous entrâmes dans le port de Malte, je crois pour faire de l'eau, car celle que nous buvions étoit corrompue ; nous descendîmes à terre le plus tôt que nous pûmes pour aller voir une si belle ville ; les rues y sont droites, les maisons bâties de pierres de taille, en plates-formes à la manière du Levant ; les rues mêmes y sont pavées de belles pierres, et celles où il faut monter sont faites en forme d'escaliers. Les églises y sont riches et magnifiques, entre autres celle de Saint-Jean, qui est tout enrichie de peintures et de dorures ; il y a quinze pièces de tapisseries des plus belles qui se voient ; elles passent pour un chef-d'œuvre, à côté du grand-autel, qui est à la romaine ; il y a deux figures d'argent de cinq pieds de hauteur, et deux chandeliers aussi d'argent, qui ont bien près de sept à huit pieds de hauteur ; il y en a encore dans plusieurs chapelles et presque dans toutes les églises que nous vîmes. Les Espagnols sont ordinairement scandalisés lorsqu'ils viennent en France de voir nos églises si peu ornées, et c'est avec beaucoup de raison, car enfin, si nous avions un peu de zèle, nous ne les souffririons pas de la sorte.

Des tombes de marbre de pièces rapportées sur lesquelles sont représentées des figures, des armes de trophées, font le pavé de cette superbe église de Saint-Jean. Cela est bien travaillé ; à l'égard des fortifications de la ville, il faudroit avoir une grande connaissance de cet art pour pouvoir en parler comme il faut ; on ne voit que canons, que terrasses les unes sur les autres. Le château Saint-Ange, qui commande le port, est fortifié si avantageusement qu'il a résisté à toutes les attaques des Turcs ; on peut compter quatre ports qui peuvent contenir un grand nombre de navires, et les magasins y sont très beaux et très grands.

Quand les femmes vont par la ville, elles sont vêtues à peu près comme nos religieuses lorsqu'elles vont au chœur ; elles sont couvertes d'un grand voile noir qui descend jusqu'en bas, et dont elles sont toutes enveloppées. Quoique la saison ne fût pas fort avancée, on voyoit déjà des poires, des prunes, des amandes et des figues.

Cette île appartenoit au roi d'Espagne, qui en fit présent aux chevaliers de Saint-Jean-de-Jérusalem après qu'ils eurent perdu Rhodes ; c'est d'où leur est venu le nom de chevaliers de Malte. C'est devant cette île que le vaisseau qui portoit saint Paul à Rome fit naufrage. Ce grand saint s'y retira avec tous ceux qui l'accompagnoient ; ce fut là qu'il fut piqué d'un animal venimeux qui fit penser aux barbares qui habitoient cette île que c'étoit un scélérat que la vengeance divine poursuivoit ; mais quand ils virent qu'il n'en mouroit pas, ils changèrent bientôt de sentiments : ils crurent que c'étoit un Dieu ; il y guérit tous les malades, et on pourroit croire qu'il y prêcha l'évangile.

IV

DÉPART DE MALTE ET TRAVERSÉE JUSQU'A SEIDE (SIDON)

Nous partîmes de Malte le 19 juin, par rapport à la Fête-Dieu qui étoit le lendemain ; nous aurions bien souhaité ne pas partir pour la solenniser à terre, mais comme le vent étoit bon, on nous obligea à partir. La nuit et le jour de la fête, le vent nous fut très favorable ; il étoit fort, ainsi nous faisions beaucoup de chemin. Le vendredi et le samedi, la mer étoit fort grosse, tant à cause des vents qu'à cause du golfe de Venise, avec lequel nous étions en parallèle. Cela nous fatigua beaucoup ; quelques-uns e nous se ressentirent du mal de la mer; pour moi, j'en fus quitte pour quelques maux de cœur qui n'eurent point de suite; le secret pour n'être pas incommodé est d'être sobre, principalement en ce qui regarde le boire.

Le dimanche 23 juin au matin, nous nous trouvâmes proche de la Morée, pays autrefois si célèbre, tant par l'esprit et les mœurs de ses habitants que par les villes d'Athènes, Lacédémone, Corinthe et autres si fameuses dans l'histoire ; nous le côtoyâmes quelque temps, et ensuite, à la faveur d'un bon vent, nous passâmes devant les îles de Cerigue et Cerigotte, qui appartiennent aux Vénitiens et qui sont les premières îles de l'archipel. Peu de temps après, nous nous trouvâmes à l'île de Candie.

On dit que cette île a environ deux cent trente milles de longueur, depuis le cap de Spada jusqu'à celui de Salomone, qui est vers le levant. Cette île est très fertile; il y croît du vin qu'on appelle malvoisie ; il y a beaucoup d'animaux ; on dit qu'il n'y en a point de venimeux, et que l'on y trouve beaucoup de plantes médicinales.

Elle s'appeloit autrefois Crète. Les poètes disent que Saturne en fut le premier roi, après lui Jupiter, ensuite Minos et Radamante, qui y établirent des lois si justes et si équitables, qu'ils méritèrent après leur mort d'être juges dans les enfers : on y voit le fameux mont Ida, où ils feignent encore que Jupiter fut nourri de la chèvre Amaltée.

Nous fûmes très mortifiés de ne pas voir la ville de Candie, au siège de laquelle il périt plus de cinquante mille Turcs, et qui ne se rendit qu'à la dernière extrémité. Nous passâmes devant une petite île appelée l'île aux Rats ; on dit qu'il y en a de blancs et gros comme des chiens ; elle n'est habitée que par ces sortes d'animaux. Ce même soir, nos matelots, à cause que c'étoit la veille de saint Jean, passèrent la soirée à se jeter des seaux d'eau les uns sur les autres ; cela dura deux ou trois heures, et avec tant de violence, qu'il en fut jeté plus de cinq cents. Le capitaine même n'en fut pas exempt ; nous nous enfermâmes dans la chambre pour éviter cette ridicule récréation, et nous nous rachetâmes par une petite somme que nous donnâmes à l'équipage.

Le lendemain, fête de saint Jean, nous côtoyâmes la Candie, et quoiqu'il fît très chaud, nous voyions cependant des montagnes de cette île où il y avoit encore de la neige. La nuit du lundi au mardi et presque tout ce jour, nous fûmes extraordinairement tourmentés ; les roulements de notre vaisseau étoient si fréquents et si rudes que nous n'en pouvions presque plus ; très souvent on eût dit qu'il alloit tourner tout à fait, et que nous allions être engloutis dans les profonds abîmes de la mer.

Nous eûmes peine alors à retenir nos plaintes ; l'un disait : « Ceux qui sont sur la terre sont heureux, certainement nous sommes les plus à plaindre. Le laboureur mène une vie bien pénible, mais aussi, revient-il le soir de son travail, il soupe avec appétit et dort tranquillement. Il n'en est pas de même de nous ; souvent nous avons peu d'appétit, et quoique nos yeux soient accablés par le sommeil, la mer ne nous permet pas d'en jouir ; nous ne savons pas quand ce temps-ci finira ; peut-être sera-t-il de longue durée. » Véritablement, cet état est triste ; il seroit supportable si on pouvoit un peu souffrir ; il est bien étonnant que des chrétiens se laissent si facilement abattre et se plaignent à la moindre chose, eux qui, par vertu, devroient souffrir ; si on ne le peut avec joie, du moins le devroit-on sans se plaindre.

Un moment après nos plaintes, un vent frais se leva, la mer se calma ; nous montâmes sur le gaillard, et voyant courir notre vaisseau, un changement si prompt et que nous espérions si peu nous fit oublier toutes nos fatigues. Le vent nous manqua le mercredi ; le jeudi un vent fort de tramontane nous porta devant les îles de Cases et de Scarpente : elles sont de très peu d'étendue, mais très fertiles.

Le vendredi 28, après avoir laissé Rhodes sur la gauche, nous découvrîmes les côtes de la Licie. Le samedi et le dimanche, nous côtoyâmes cette province et celle de Pamphilie ; elles sont bordées de rochers et de montagnes fort élevées sur lesquelles nous voyions encore de la neige.

Ce fut le long de ces côtes, sur les neuf heures du matin, que nous trouvâmes proche de nous un corsaire que des rochers nous avoient empêché de voir.

Notre capitaine fit aussitôt apporter les armes sur le gaillard avec une contenance assez assurée; cette chose, qui nous est arrivée en deux ou trois fois différentes, me causoit une forte émotion en moi-même, bien éloignée du zèle des chrétiens qui furent autrefois à la conquête de la Terre-Sainte, qui ne souhaitoient rien tant que de se trouver aux mains avec les infidèles, et qui en cherchoient tous les jours les occasions. Ce vaisseau avoit arboré pavillon maltois, mais on ne s'y fioit pas beaucoup; je crois même que notre capitaine gagnoit toujours le large et différoit de mettre la chaloupe à la mer.

Ce corsaire étoit véritablement Maltois, et le capitaine, qui peut-être s'aperçut de notre crainte, nous envoya sa chaloupe, qui nous rassura entièrement; après un petit entretien que le commandant de la chaloupe eut avec le capitaine, ils retournèrent à leur vaisseau, et nous, nous reprîmes notre route aussi joyeux que si nous avions échappé quelque grand péril.

Le lundi 1er juillet, nous mouillâmes dans le port de Satelie. Cette ville s'appeloit autrefois Attalie, et elle est encore capitale de la Pamphilie. Ces provinces, qui étoient anciennement des royaumes, sont terres fermes de l'Asie. La Bitinie, Misie, Frigie, Lidie, sont comprises présentement dans l'Anatolie; la Licaonie, la Pisidie, la Cappadoce, la Syrie, Pamphilie et la Cilicie sont renfermées dans la Caraminie.

La vue de Satelie du côté de la mer a quelque chose de fort agréable. Cette ville est bâtie sur des collines qui forment une espèce d'amphithéâtre ; ainsi on découvre presque tous les jardins, qui sont en si grand nombre que je crois qu'il n'y a pas de maison qui n'en ait un. Les orangers y sont extrêmement gros et grands ; je n'en ai point vu ailleurs de si beaux. On y voit des palmiers et des oliviers. On voit des tours fort anciennes, de petites collines, quantité de mosquées où il y a dessus de petits dômes et de petits clochers. Tout cela, avec leurs maisons au milieu de tant de beaux arbres, fait un aspect des plus charmants. Nous nous y promenâmes quelque temps. Nous vîmes le Bazar, c'est ce que nous appelons marché ; on y vendoit déjà des raisins et beaucoup d'autres fruits ; on y prend beaucoup de café de Sorbet.

Nous vîmes, de la maison d'un chrétien grec où nous étions, les cérémonies que les Turcs font dans leur mosquée ; elles consistent en beaucoup de révérences ; ils ne regardent personne. Il est étonnant que des gens que nous traitons de barbares, et dont beaucoup n'ont d'humain que la ressemblance et le nom d'hommes, aient tant de modestie et de piété dans leur mosquée, tandis que quantité de chrétiens en ont si peu dans les temples du vrai Dieu, où ils savent qu'il est présent d'une manière particulière.

Les Turcs prient quatre ou cinq fois le jour d'une manière si édifiante, pour obéir à des lois si absurdes, qu'on a lieu d'être surpris comment des hommes ont pu donner dans de semblables rêveries, pendant que nous sommes si peu soigneux de remplir nos devoirs, et que nous agissons avec tant de lâcheté et de négligence. Ce grand zèle que ces barbares ont pour leur religion les porte à nous regarder comme des gens abominables ; je crois même qu'ils croient mériter en nous insultant, ce qui fait que les chrétiens sont très mal dans les villes où ils n'ont point de Consul, et comme nous n'en avions point dans cette ville, nous fûmes obligés d'en sortir plus tôt que nous n'aurions bien voulu. Les enfants nous jetoient des pierres, nous appeloient chiens et crioient après nous ; enfin, nous fûmes sur le point de recevoir si ce n'est la bastonnade, du moins quelques coups de bâtons par la faute d'un Grec qui nous conduisoit pour aller à une église de sa nation qu'il nous vouloit faire voir. Il fallut passer par une petite rue où il y avoit une mosquée : à peine y fûmes-nous que plusieurs Turcs accoururent le bâton à la main ; nous en sortîmes plus vite que nous n'y étions entrés, heureux d'en être quittes pour un peu de peur. On voit dans la campagne beaucoup d'arbres ; je la crois très abondante, car tout y est à bon marché ; il est fâcheux que de tels gens habitent une si bonne terre.

Nous partîmes de Satelie le 2 juillet, sur les huit heures du soir ; nous eûmes, la nuit et le lendemain mercredi, un vent très favorable pour aller à Chypre.

Le jeudi, sur le soir, nous côtoyâmes cette île ; nous découvrions les villages qui nous paraissoient assez grands pour le pays, et la campagne très fertile.

Le vendredi, nous doublâmes le cap d'Elgate, où étoit autrefois un beau monastère, duquel saint Nicolas étoit patron ; nous passâmes devant le mont Olympe, présentement nommé de Sainte-Croix, à cause d'un miracle qui y arriva autrefois. Sainte Hélène revenant de la Terre-Sainte avec le précieux bois de la Croix, on dit qu'elle s'endormit proche de cette montagne, ayant ce précieux trésor sous sa tête ; à son réveil, elle ne le trouva plus ; on chercha de tous côtés, et enfin on le trouva, ce bois sacré, sur le haut de la montagne, où cette grande sainte fit bâtir une église. On nous dit qu'il y avoit encore un couvent de Grecs schismatiques qui l'habitoient.

Ce même jour, nous mouillâmes proche Lernica. Il y a un petit village sur le bord de la mer, un petit port et une église dédiée à Saint-Lazare, servie par des religieux grecs. Ils disent que ce grand saint en est le fondateur ; la structure, qui est assez particulière, fait connaître qu'elle est fort ancienne.

Nous fûmes sur le soir à Lernica, qui est éloignée de ce bourg d'environ un quart de lieue ; toute la plaine est couverte de câpriers : c'est un très petit arbrisseau ; il est épineux, la feuille ronde et la fleur blanche ; dans ce pays, les câpres ne coûtent qu'à cueillir, chacun en prend à sa volonté.

Nous fûmes d'abord saluer M. le Consul français,

qui nous fit beaucoup d'honnêteté ; je fus voir ensuite le père gardien des Cordeliers, qui me reçut fort bien; il me fit donner une chambre et je mangeois au réfectoire avec les religieux. Ils sont obligés de nourrir les pèlerins qui vont en Terre-Sainte pendant trois jours ; leur manière de vivre est fort différente de la nôtre, car, outre que les mets y sont tout autrement accommodés, ils servent le dessert, les figues au commencement du repas, et le riz, qui tient lieu de soupe, ou bien du bouillon clair, au milieu ou à la fin ; le vin y est extrêmement violent; il sent si fort le goudron qu'on a de la peine à s'y accoutumer.

Les religieux mènent une vie très régulière ; on ne parle point pendant tout le repas ; chacun fait un peu de lecture à son tour ; ils sont fort sobres. L'église est assez belle, le couvent assez grand, les cloîtres et le reste sont pavés de belles pierres de taille. Je fus aussi voir les capucins, qui sont fort bien logés pour le pays ; leur église est fort belle ; ils ne sont présentement que deux : le père gardien et le père Angélique de Châteaumeilla, avec lequel je fis connaissance ; il écrivit en ma faveur à ses amis de Seïde et de Jérusalem, et il me donna des marques de la plus tendre et de la plus sincère amitié.

Les pères Cordeliers enseignent les devoirs de la religion et à lire aux enfants des chrétiens. Ils les tiennent chez eux toute la journée et les nourrissent, peut-être de peur qu'ils ne se corrompent par la fréquentation des schismatiques et des Turcs. On dit que Lernica a été bâtie sur les ruines de l'ancienne Salamine, ville très célèbre et dans laquelle saint Paul et saint Barnabé ont souvent prêché ; les maisons sont bâties en plates-formes ainsi que dans tout le Levant ; le soir, on se promène dessus, et beaucoup de personnes y couchent.

L'île de Chypre est très abondante ; elle produit quantité de grains et de fruits ; il y a beaucoup de bétail ; tout y est à bon marché. Comme il n'y a pas de rivières, mais seulement des étangs, l'air y est grossier et épais, souvent malsain, principalement pour ceux qui n'y sont pas accoutumés ; cette île a encore des salines qui produisent une grande quantité de sel. On voit des jardins le long de la mer ; dans les cailloux, où il n'y a presque point de terres qui produisent néanmoins de beaux melons de pastèques, ce sont des melons d'eau, et autres fruits en grande quantité. Il ne tombe guère d'eau dans ces pays pendant huit ou neuf mois, et les arbres cependant y sont très verts.

Les habitants se servent de chameaux pour porter les grosses charges, et de mulets et d'ânes, qui vont prodigieusement vite, pour leur monture ordinaire. Nous partîmes de Chypre le lundi après souper, avec un vent assez bon, qui dura le mardi ; le mercredi, il fut très faible ; cependant, le jeudi 11 juillet, nous arrivâmes à Seïde, où notre vaisseau devoit charger.

Cette ville s'appeloit autrefois Sidon. Apparemment que l'abondance et les richesses avoient rendu ses habitants très méchants et très criminels, ainsi que nous l'apprenons de l'Histoire-Sainte. Notre-Seigneur, blâmant l'ingratitude de certaines villes de la Galilée où il avoit fait quantité de miracles, dit que s'il en avoit fait de semblables dans Tyr et Sidon, elles auroient fait pénitence dans le sac et dans la cendre toute leur vie.

Cette ville est encore présentement une des plus belles du Levant; elle est bâtie sur le penchant d'une colline, avec un petit château que l'on tient avoir été bâti par saint Louis. Les marchands français demeurent tous ensemble; cet endroit s'appelle le camp. C'est un grand bâtiment, dans le milieu duquel est la cour; les Cordeliers, Jésuites et Capucins y ont aussi leur demeure; les portes en sont gardées par des Turcs. On se promène partout avec assez de liberté; les avenues sont belles, l'air bon, la côte fait plaisir à voir.

Le père gardien des Cordeliers me reçut fort bien, et avec une charité véritablement chrétienne. Leurs manières saintes et édifiantes n'augmentoient pas peu la joie que j'avois de me voir si proche de Jérusalem. J'appris, environ une heure après que je fus arrivé, qu'il partoit, ce même jour, un petit bateau pour Jaffa. Je profitai d'une si heureuse occasion; je donnai l'argent que j'avois à M. Gautier, prieur des pères, qui fit d'abord un peu de difficultés, et qui se rendit enfin aux raisons que je lui alléguai. Il me donna une lettre pour le révérend père Procureur de la Terre-Sainte à Jérusalem, afin qu'il me fît fournir tout ce que j'aurois besoin dans les visites des Saints Lieux, et qu'il payât toutes les caffares et les droits que les Turcs exigent des pèlerins.

Je partis ainsi de Seïde sur le soir, fort content, n'appréhendant point d'être volé ; je trouvai dans la petite barque un marchand français qui alloit s'établir à Rama, et un passager avec lequel j'étois venu de Marseille, et qui alloit à Saint-Jean-d'Acre, à une ou deux lieues de Seïde. Nous passâmes devant une petite ville qui pourroit bien être Sarepta, d'où étoit cette veuve à laquelle le prophète Élie fut envoyé pendant une grande famine. Il trouva cette pauvre femme à la porte de la ville, qui amassoit de petits morceaux de bois ; il l'appela et lui demanda un peu d'eau pour boire ; comme elle lui en alloit quérir, il ajouta : « Apportez-moi aussi un peu de pain ; » mais elle lui répondit qu'elle n'en avoit point, qu'il ne lui restoit plus qu'un peu de farine et d'huile, que c'étoit pour en apprêter à manger, qu'elle venoit de ramasser ces petits morceaux de bois, et qu'après cela, elle et son fils ne pouvoient plus attendre que la mort. « Allez, dit le saint prophète, ne craignez point, faites-moi seulement de cette farine un petit pain cuit sur la cendre, apportez-le-moi, vous en ferez ensuite pour vous et pour votre fils, car voilà ce que dit le Dieu d'Israël : « La farine ne man-
« quera point, et l'huile ne diminuera point jusqu'au

« jour que le Seigneur donnera de la pluie sur la « terre. » Cette bonté de Dieu, qui pourvoit si à propos aux besoins de ses serviteurs, devroit bien nous remplir de confiance, car enfin, son bras n'est pas raccourci ; s'il permet souvent que nous soyons dans le besoin, même des choses les plus nécessaires, c'est qu'il connaissoit que cela nous est utile ; si nous n'avions en vue que les biens de la vie future, qui sont les seuls véritables, nous ne nous découragerions pas si facilement des maux qui nous arrivent en celle-ci.

On voit, en passant le long de la côte, la ville de Tyr, renommée autrefois par son trafic ; elle fut prise par Alexandre-le-Grand, ce siège fut célèbre par la résistance qu'elle fit ; elle s'appelle Sour aujourd'hui, et ce n'est plus qu'un monceau de pierres.

J'aurois bien souhaité savoir le nom de quantités de lieux que nous découvrions, qui ont assurément été autrefois considérables ; mais, n'entendant point du tout les Grecs qui nous conduisoient, il fallut me contenter du seul plaisir de les voir et de les admirer. Nous passâmes mal la nuit, car, outre qu'il n'y avoit point de cabanes dans notre bateau pour nous mettre à couvert, à peine avions-nous de la place pour nous coucher, tant il y avoit de marchandises. Ces gens faisoient un bruit terrible ; si je n'avois pas été accoutumé de voir la mer, j'aurois eu beaucoup de sujet de peur. Comme nous avions le vent largue, c'est-à-dire dans le flanc, notre bateau étoit presque à demi tourné ; peu s'en falloit qu'un des bords ne touchât à la mer : le vent s'étant augmenté, nous arrivâmes à onze heures du matin à Saint-Jean-d'Acre.

La désolation de cette ville, autrefois si considérable, tire les larmes des yeux de ceux qui la voient. Les tristes restes de l'église de Saint-Jean, Saint-André, du palais du Grand-Maître, et de quantité de forts, font connaître que cette ville a été autrefois très belle et forte ; on voit un grand nombre de colonnes ; le port, autrefois si beau, est présentement tout comblé ; ce n'est plus que très peu de chose.

Je fus d'abord voir le père gardien des Cordeliers, qui me reçut bien, me donna une chambre et me fit manger au réfectoire ; je lui dépensai bien peu de choses, car je me trouvois dans un état bien triste ; je ressentois de si grandes douleurs dans les reins, une si grande lassitude par tout le corps, que je ne pouvois me tenir ni au lit, ni assis. J'étois si faible, que je n'avois pas la force de me promener ; mais, par la grâce de Dieu, mon mal diminua sur le soir ; j'en fus quitte pour un petit mal de tête et un grand dégoût qui dura quelques jours.

Le vent se tourna contraire le samedi et continua jusqu'au mercredi 17 juillet, que nous partîmes de Saint-Jean-d'Acre. Le jeudi au matin, nous nous trouvâmes proche le Château-Pèlerin ; la situation en est fort avantageuse, et il paroît que ce lieu étoit autrefois considérable par les ruines qui restent ; il y a quelques soldats qui gardent ce poste. Je n'ai pu savoir d'où lui venoit le nom, qui ne lui a pas été donné sans quelque cause qui pourroit faire plaisir à savoir (1).

Le vent se leva assez bon sur les dix à onze heures du matin, et peu de temps après, nous passâmes devant Césarée. Hérode en avoit fait une place des plus belles et des plus agréables, et la nomma Césarée en l'honneur de César, pour s'en attirer de plus en plus les bonnes grâces. Il n'y avoit rien épargné ; on peut juger de sa beauté passée par les ruines qui s'y voient encore à présent, quoiqu'on en ait ôté un très grand nombre de colonnes de marbre et de belles pierres. Ce fut dans cette ville que Corneille, centenier romain, eut la vision d'un ange qui lui dit que les prières et les aumônes étoient montées devant Dieu, et qu'il envoyât à Joppé pour faire venir Simon surnommé Pierre, qui demeuroit chez un

(1) Ce nom, qui excitait la surprise de notre voyageur, a pour origine la construction, par les Chevaliers du Temple, d'un poste militaire destiné à la protection des nombreux pèlerins se rendant par la voie de terre de Saint-Jean-d'Acre à Jaffa et Jérusalem. Ce poste, qui consistait primitivement en une tour bâtie sur un promontoire de rocher entre Césarée et Caïpha, devint, en 1218, après la chute de Jérusalem, une superbe forteresse, principal siège de la puissance des Templiers en Palestine, et qui ne succomba qu'en 1291, sous les assauts du sultan d'Égypte Malek-Aschraf-Salah-ed-din-Khalil. (*Étude sur les monuments de l'architecture militaire des Croisés en Syrie et dans l'île de Chypre*, par G. Rey, membre résidant de la Société des Antiquaires de France, pages 93 à 100. Paris, Imprimerie Nationale, M DCCC LXXI, in-4°.)

certain Simon, corroyeur, qui lui diroit ce qu'il étoit à propos qu'il fît. Saint Paul y a été plusieurs fois, et il y a demeuré quelque temps dans la maison de saint Philippe. Cette ville est à présent toute détruite; on l'appeloit autrefois la Tour de Straton.

Nous fûmes suivis fort longtemps de plusieurs dauphins, qui nous divertirent beaucoup par les tours et les sauts qu'ils faisoient dans l'eau; ils étoient le plus souvent si proche de notre vaisseau, que si j'avois eu quelque dard, j'aurois bien pu en percer quelques-uns; ce poisson peut avoir six ou sept pieds de longueur; il ne me paraissoit pas avoir d'écailles; il a un trou sur la tête, une espèce de museau à peu près comme un cochon, et sa queue est toute différente des autres poissons.

Le vent continua bon le reste du jour et toute la nuit, de manière que nous arivâmes le vendredi 19 juillet, de grand matin, à Jaffa. D'abord que je fus descendu à terre, je suivis la coutume des pèlerins chrétiens; je me prosternai sur le rivage, je baisai cette sainte Terre plusieurs fois, mais avec une grande satisfaction et une joie bien pures. La maison où on prétend qu'étoit autrefois celle de Simon corroyeur, hôte de saint Pierre, appartient aux pères de la Terre-Sainte. C'est là où on conduit les pèlerins; elle est proche de la mer; ainsi elle a une voie fort agréable; j'ai eu l'honneur d'y manger deux ou trois fois. Il y a là une personne, de la part des pères, pour recevoir les pèlerins et leur fournir leur nécessaire.

Jaffa est située sur le penchant d'une petite montagne. Le château, qui consiste en deux tours, l'une carrée, l'autre ronde, est assez fort; il seroit difficile à prendre du côté de la mer, rapport à sa situation (1). La ville est assez jolie; on me dit qu'elle avoit été augmentée depuis trente ou quarante ans de plusieurs maisons, et qu'auparavant, c'étoit peu de choses. On voit en mer des pans de murailles renversés, et des manières de roches qui pourroient bien être des ruines de l'ancien port; le rivage est un sable blanc comme le sablon d'Étampes, sur lequel on trouve quantité de toutes sortes de coquillages.

Tabita, femme de grande vertu, étoit de cette ville. Étant morte, saint Pierre la ressuscita à la prière des fidèles et des pauvres veuves qui, pour toucher plus vivement ce saint Apôtre, lui montroient les vêtements que cette sainte femme leur faisoit.

Ce fut à son port que le prophète Jonas s'embarqua pour fuir le commandement que Dieu lui donna d'aller prêcher à Ninive; mais il expérimenta le danger qu'il y a de désobéir à son Dieu, car il s'éleva une si grande tempête sur la mer, que les matelots

(1) Les Turcs surveillaient cette petite forteresse avec un soin jaloux et emprisonnaient les pèlerins qui s'avisaient de considérer de trop près les deux tours qui en font la principale force. (*Le novveav et dernier voyage de Iervsalem Faict par le commandement dv Roy*, par Mr de Vergoncey, gentilhomme de sa chambre, page 135. A Paris, chez Simon Febvrier, M. DC. XXXIII, in-4°.)

connurent qu'il y avoit quelque chose d'extraordinaire. C'est ce qui leur fit prendre la résolution de jeter au sort, pour voir si ce n'étoit point quelqu'un d'eux qui en fût la cause; le sort tomba sur Jonas, qui leur avoua son péché et leur dit de le jeter dans la mer; ces gens furent surpris de ces paroles, ils eurent de la peine à s'y résoudre. Cependant, la tempête s'augmentoit, et craignant de s'opposer à la volonté de Dieu, ils jetèrent ce prophète dans la mer, qui s'apaisa aussitôt. Un grand poisson, que le Seigneur avoit fait venir là, avala Jonas et le rejeta sur la grève trois jours après.

VI

DE JAFFA A JÉRUSALEM

Après dîner, nous prîmes l'occasion de la caravane pour aller à Rama. Nous trouvâmes dans le chemin des plaines très belles et très fertiles, remplies d'une infinité d'oliviers, dont plusieurs sont beaucoup plus gros que des poinçons, fort hauts, ce qui fait connaître la bonté de cette terre, terre pour laquelle Dieu fit sortir le patriarche Abraham de la maison de son père, et dans laquelle Isaac et Jacob ont habité comme voyageurs, terre d'où couloit le lait et le miel, selon l'expression de l'Écriture sainte, et que le Seigneur choisit pour son peuple sur tous les pays du monde, terre enfin où Notre-Seigneur Jésus-Christ a bien voulu naître, et où il a opéré le grand ouvrage de notre rédemption.

Après avoir fait environ cinq milles, nous rencontrâmes un village appelé par les habitants Jazour, auprès duquel on voit une mosquée couverte de neuf petits dômes, et un sépulcre de Turc, environné de murailles (1) ; ce lieu est gardé par un santon, et il y a de l'apparence que les Turcs ont celui-là en grande vénération.

A environ une lieue de Rama, on voit les ruines de la ville de Lidda (2), où saint Georges a souffert le martyre pour la foi de Jésus-Christ, et où saint Pierre guérit Énée qui étoit paralytique.

Nous arrivâmes sur les quatre à cinq heures à Rama (3), qui est une ville assez grande, mais où je n'ai rien vu de considérable, quant aux bâtiments. On croit que cette ville s'appeloit autrefois Arimatie, d'où étoit ce bon Joseph qui eut l'honneur d'ensevelir Notre-Seigneur. J'y trouvai trois marchands français, qui me témoignèrent beaucoup d'amitié ; je fus voir ensuite les cordeliers, qui me mirent dans un appartement qui porte encore aujourd'hui le nom de

(1) C'est le tombeau d'un santon vénéré dans la contrée et appelé *Cheikh Imam Aly*.

(2) Ancien évêché sous les empereurs Byzantins et au temps des Croisades, avec une église renommée dédiée à saint Georges.

(3) Le véritable nom de cette petite ville est *Ramleh* et non *Rama*, c'est l'ancienne *Arimathie*.

maison de Nicodème, où on dit que de tout temps les pèlerins ont coutume de loger.

Je me trouvai si fatigué que je n'eus besoin que d'un lit pour me reposer; je ne mangeai point non plus le lendemain, excepté un peu le soir, mais ce fut si peu, que cela n'étoit pas capable de me soutenir.

Le dimanche 21 juillet, je fus obligé de partir pour Jérusalem, afin de profiter de la caravane. Ce fut alors que je commençai de m'habiller à la manière du pays. Comme je n'avois point encore de robe, un marchand françois m'en prêta une; un autre me prêta un bonnet. L'heure du départ approchant, je montai sur un âne, que les pères eurent le soin de me louer, et après avoir traversé presque toute la ville, je joignis la caravane, qui étoit composée de Grecs et de Turcs. La joie que j'avois de me voir dans la Terre-Sainte me faisoit oublier ma faiblesse et mon mal de tête.

Je me trouvai cependant un peu étonné, voyant les manières barbares de ces personnes et le désordre avec lequel on marchoit, ne connaissant pas même celui qui devoit avoir soin de moi et de payer les Caffares, c'est-à-dire certains droits que les Arabes exigent des passants. Cela augmentoit fort ma peine, état heureux si j'avois eu plus de confiance et de foi, puisque, me trouvant ici sans appui du côté des créatures, il devoit me porter à n'attendre du secours que de Dieu seul.

Après avoir passé dans le cimetière des Turcs, où

on voit quantité de tombes, nous entrâmes dans une belle plaine et très fertile, qui peut avoir trois ou quatre lieues de longueur. On trouve presque à la fin de cette plaine un vieux château du bon Larron ; il est situé sur une colline fort agréable (1) ; plusieurs prétendent qu'il lui a appartenu. Quoiqu'il fût un homme riche et de conséquence, il s'étoit cependant fait capitaine de voleurs.

Nous entrâmes peu après dans les montagnes de Judée ; le chemin y est rude et difficile, mais très agréable par la diversité des montagnes et des collines, qui sont pour la plus grande partie couvertes d'arbres. On voit sur le penchant de ces montagnes des lieux cultivés où il y a de très beaux oliviers et figuiers.

Nous fûmes arrêtés huit ou dix fois par les Arabes; ce sont des gens dont la plus grande partie sont noirs, basanés, demi-nus, d'un regard affreux ; leur vue me causoit toujours beaucoup d'émotion. Véritablement, à voir la manière dont ils descendent les montagnes, armés de haches, coignées et bâtons, on pourroit bien se croire être sur le point de passer de mauvais moments. Leur parole même a quelque chose qui donne de l'effroi ; quelquefois il falloit disputer longtemps et ils nous suivoient assez loin. Souvent ils prenoient des fruits dont les bêtes de la

(1) C'est le village actuel de *Latroun*, épars au milieu des ruines d'une ville et d'une forteresse qui commandait le défilé de l'*Oued A'ly* et la route de Jaffa à Jérusalem.

caravane étoient chargées avec assez de violence ; en un mot, je ne trouve pas grande différence entre les voleurs et les Arabes, à la réserve que les voleurs se cachent pour voler et que les Arabes prennent fort hardiment, et devant tout le monde, ce qui leur convient. Le Seigneur me fit la grâce qu'ils se contentèrent de ce que le Moucre, c'est-à-dire celui qui devoit avoir soin de moi, leur donnoit. Ils ne me dirent pas un mot ; si le Moucre avoit été proche de moi, cela m'auroit donné une petite consolation ; mais comme on marche avec beaucoup de désordre, souvent ce n'est pas à qui sera des derniers, je ne le pouvois bien distinguer.

Il étoit près de onze heures quand nous arrivâmes au village Saint-Jérémie, qui me parut bien peuplé. Une grande partie des villages ne consistent qu'en des grottes taillées dans le roc, et on voit toujours beaucoup de ruines. L'église, dédiée autrefois à saint Jérémie, subsiste encore à présent (1), assez proche de laquelle il y a une fontaine renfermée de murailles qui jette beaucoup d'eau ; là on fait boire les bêtes, mais on ne descend point, il faut aller jusqu'en Jérusalem.

(1) Cette église, située au pied de la colline sur les pentes de laquelle s'élève le village de *Kiriet el-A'Nab,* est un bel édifice des Croisades. Un couvent s'élevait autrefois à côté de l'église ; il était occupé par des religieux Franciscains, qui, vers la fin du XVe siècle, furent massacrés en une nuit par les Arabes. Le couvent, délaissé, tomba en ruines et ne tarda pas à disparaître.

J'aperçus peu après les ruines de la ville de Modin, patrie de ces généreux Machabées. Dans une persécution, que suscita le cruel Antiochus, Matatias, leur père, protesta à haute voix que, quand tout le peuple obéiroit au roi en quittant la loi de leurs pères, que lui et tous ceux de sa maison ne la quitteroient jamais et seroient toujours fidèles à Dieu. Voyant un Juif impie prêt à sacrifier pour satisfaire à la volonté du roi, il courut rempli d'un saint zèle et tua ce malheureux auprès de l'autel; il tua aussi celui qui étoit établi pour contraindre le peuple à sacrifier et s'enfuit dans le désert, où tous ceux qui étoient zélés pour la loi le furent trouver ; ses enfants lui succédèrent après sa mort. Judas Machabée fut le premier; il vêtit, dit l'Écriture, la cuirasse comme un géant; il ressembla à un lion dans ses entreprises et son épée étoit la protection de tout le camp. Ils donnèrent diverses batailles et moururent pour la gloire du Seigneur et la délivrance de leur peuple, qui arriva sous Simon. Cette ville étoit autrefois très forte. Elle est située sur le haut d'une montagne qui n'est point commandée d'aucune autre (1).

Après avoir passé des chemins très rudes, nous

(1) Ceci est une erreur certaine : *Modin*, patrie dès Macchabées, doit être identifiée avec le village appelé *Khirbet el-Medieh*, situé dans les montagnes, à quelque distance au-dessus de *Ramleh* (Arimathia). (*Carte de la Palestine*, par Victor Guérin, agrégé et docteur ès-lettres, etc. Librairie de la Société bibliographique, Paris, 1881.) Nous ne voyons pas quelle est la localité prise à tort pour Modin par notre pélerin.

descendîmes dans la vallée du Térébinte (1), célèbre par le combat singulier de David contre le géant Goliath. L'armée d'Israël étoit campée sur le penchant d'une montagne et celle des Philistins sur une autre ; cette vallée séparant les deux armées, Goliath descendoit tous les jours entre les deux camps et défioit au combat le plus hardi des Israëlites ; personne n'osoit se présenter et sa grande force jetoit la terreur dans toutes les troupes. David, que son père avoit envoyé visiter ses frères, qui étoient dans l'armée, afin de leur porter du rafraîchissement, entendit les paroles de cet infidèle. Ému d'un saint zèle, il s'offrit de le combattre ; il en obtint la permission, mettant toute sa confiance en Dieu seul. Il ne prit pour armes que son bâton, sa fronde et quelques pierres qu'il choisit dans le torrent ; il jeta par terre ce géant qui venoit à lui armé de toutes pièces et lui coupa la tête de sa propre épée.

Cette vallée est assez étroite, dans laquelle il y a un torrent que l'on passe sur un pont de pierres ; il y avoit autrefois un monastère et une petite ville, dont on ne voit plus que des ruines.

(1) C'est le lit de l'*Oued Beit-Hanina*, qui serpente au bas du village de *Kolounieh*, dans lequel on a voulu voir, à tort, l'*Emmaüs* de l'Évangile de saint Luc, mais qui est peut-être l'*Emmaüs* de l'historien Josèphe. (*Description géographique, historique et archéologique de la Palestine*, etc., par M. Victor Guérin. *Judée*, tome Ier, pages 71, 257 à 262. Paris, Imprimerie Impériale, M DCCC LXVIII, gr. in-4°.)

On monte ensuite la montagne de Soco (1), qui est encore plus rude que les précédentes, et après avoir marché environ cinq quarts de lieue, je découvris une partie des murs de JÉRUSALEM, qui est fondée sur les montagnes saintes et de qui on a dit des choses vraiment illustres et glorieuses. Mille et mille serviteurs de Dieu y sont nés, dit le roi prophète; aussi est-ce le Très-Haut qui l'a fondée et qui l'a établie.

VII

ARRIVÉE A JÉRUSALEM

Je ne pus imiter ce que firent autrefois les princes et les soldats de l'armée chrétienne du temps des croisades. Ils descendirent de cheval à la vue de cette sainte ville, firent une partie du chemin nu-pieds, les larmes aux yeux, le cœur rempli d'une sainte impatience d'en escalader les murs pour la délivrer de la tyrannie des Turcs. Si je ne pus avoir la liberté de mettre pied à terre pour la saluer avec

(1) C'est *peut-être* la colline au sommet de laquelle s'élevait jadis la petite ville de *Socko*, mentionnée par l'historien Josèphe, et située à mi-chemin entre *Eleutheropolis* (actuellement *Beit-Djibrin*) et Jérusalem, à neuf milles environ de chacune de ces deux villes. (*Hadriani Relandi Palaestina ex monumentis veteribus illustrata*, tome II, p. 1018 et 1019. *Trajecti Batavorum*, M.D.CC.XIV, in-4°.)

plus de révérence, j'eus du moins la liberté de mon esprit, et dans le transport de ma joie, je m'écriai avec le prophète roi : *Lætatus sum in his quæ dicta sunt mihi : in domum Domini ibimus. Stantes erant pedes nostri in atriis tuis, Jerusalem.* Lorsque je fus proche les murailles, on me fit descendre et ensuite on me fit prendre sur la gauche pour aller à la porte de Damas, car il est défendu aux étrangers d'entrer par une autre porte. Cette porte est très belle, couverte de lames de fer, ainsi que toutes les autres de Jérusalem. De la porte on ne voit pas les rues comme en Europe ; c'est une espèce de tour carrée ; le lieu où l'on entre est un grand vestibule bien voûté où il y a une seconde porte par le côté pour entrer dans la ville. Je restai seul dans ce vestibule environ une heure, en attendant la permission d'y entrer. Ensuite, il vint deux Turcs et le truchement des pères de la Terre-Sainte ; après que ces Turcs m'eurent un peu examiné, le truchement me conduisit au couvent de Saint-Sauveur (1). Je fus reçu de la manière du monde la plus honnête par les RR. Pères, et après la prière, on m'apporta la collation ; j'en avois besoin, car je n'avois pris avant de partir de Rama qu'une prise de café, et il étoit une heure et demie.

(1) Depuis l'année 1551, ce monastère servait de résidence aux Franciscains, dépossédés par les Turcs de leur couvent du Mont-Sion.

Comme la fête de sainte Madeleine étoit le lendemain, on fit partie d'aller en Béthanie ; beaucoup de pères y devoient dire la messe. Nous nous levâmes de grand matin, mais nous trouvâmes la porte de Saint-Étienne, par laquelle nous devions sortir, fermée ; peut-être que les Turcs le firent exprès pour nous ôter cette consolation. Après avoir attendu fort longtemps, chacun s'en retourna au couvent ; pour moi, afin de ne point perdre de temps, je commençai à faire quelques visites avec le frère Maximin et un truchement.

Pour aller à la porte de Saint-Étienne, nous avions passé par une grande partie de la voie douloureuse, c'est-à-dire par le chemin que Notre-Seigneur Jésus-Christ fût chargé de sa croix ; on m'avoit fait remarquer la maison de sainte Véronique, l'endroit où Simon Cyrénéen s'étoit chargé de la croix, le lieu où la Sainte-Vierge et les autres saintes femmes rencontrèrent Notre-Seigneur, le palais d'Hérode, celui de Pilate, l'arcade où ce malheureux juge montra Notre-Seigneur couronné d'épines. J'ai eu l'honneur de passer souvent par ces saints lieux, dont je ne parlerai pas présentement, me réservant de le faire dans une autre occasion ; je commence par la description de la Piscine probatique, proche de laquelle je me reposai longtemps, espérant toujours que l'on ouvriroit la porte de Saint-Étienne.

Il y avoit autrefois cinq porches où étoient toujours un grand nombre de malades qui attendoient le mouvement qu'un Ange qui descendoit du ciel de temps en temps donnoit à l'eau, parce que celui qui y descendoit le premier après le mouvement de l'eau étoit guéri. Là, Notre-Seigneur donna la santé à un pauvre paralytique, qui depuis 38 ans n'avoit pas trouvé une personne charitable pour le descendre dans l'eau pour être guéri de sa maladie. Il ne reste plus aucun porche; on voit seulement les murailles, qui paraissent encore bien solides; ce lieu est grand, et quoiqu'il soit très profond, on en a cependant fait un jardin, où il y a quelques arbres. Elle servoit anciennement à laver les bêtes qui devoient être offertes dans le Temple.

Nous fûmes voir ensuite une petite église qui tombe en ruines, qui est bâtie dans le lieu où étoit la salle du Pharisien qui donna à manger à Notre-Seigneur, où sainte Madeleine reçut la rémission de ses péchés. De là, nous visitâmes la prison de saint Pierre. Le cruel Hérode, après avoir fait couper la tête à saint Jacques, fit encore arrêter saint Pierre en prison, parce qu'il voyoit que cela faisoit plaisir aux Juifs; mals ils furent bien trompés, car un Ange, la nuit du jour destiné pour le supplice, le délivra de ses mains, quelques précautions qu'ils eussent prises pour le bien garder. Si ce fut un sujet de tristesse aux Juifs, ce fut le sujet d'une grande joie aux chrétiens et à l'Église, qui offroit sans cesse des prières à Dieu pour sa délivrance. C'est à présent un grand bâtiment où je n'ai rien vu de remarquable; la porte, qui est très basse, me fait croire que c'est encore une espèce de prison. Comme nous ne pouvions pas y entrer, nous fîmes nos prières à la porte pour gagner les indulgences.

L'hôpital que sainte Hélène avoit fait bâtir pour loger les pèlerins n'est pas fort éloigné de ce lieu. Ce bâtiment est grand, bien bâti ; on voit encore la cuisine et des salles très belles.

Ce même jour 22 juillet, je fus reçu comme pèlerin par une cérémonie très belle et fort touchante. Après complies, on me fit asseoir dans un beau fauteuil ; on apporta une grande cuvette de cuivre rouge très propre, dans laquelle on mit de l'eau tiède et des fleurs ; ensuite, pendant qu'on chantoit le psaume *Lætatus sum,* le père Président me lava les pieds, les baisa, et tous les religieux les uns après les autres. Cela se fit avec une dévotion si grande que le cœur le plus dur en auroit été touché. On fit la procession autour du cloître, pendant laquelle on chanta le *Te Deum,* et on rentra dans l'église pour gagner les indulgences. On m'avoit donné un cierge blanc, que je portai pendant la cérémonie. Comme les Turcs occupent le monastère du Mont-Sion, le Saint-Père en a transféré les indulgences aux trois autels de cette église, où sont représentés les mystères que Notre-Seigneur a opérés sur cette sainte montagne.

Au premier autel est représenté Notre-Seigneur, qui fait la Pâque avec ses disciples et institue le très saint Sacrement de l'Eucharistie ; on chante en y allant *In supremæ nocte cœnæ*, etc., l'oraison, le *Pater* et l'*Ave*, pour gagner l'indulgence.

Au deuxième autel est représenté Notre-Seigneur, qui est apparu à ses disciples qui étoient assemblés dans le Cénacle, et qui fait toucher à saint Thomas la plaie de son sacré côté; on chante en y allant *Exultet cœlum laudibus,* l'oraison, le *Pater noster* et l'*Ave Maria.*

Au troisième autel est représentée la descente du Saint-Esprit ; on chante en y allant *Veni Creator;* on dit l'oraison, le *Pater* et l'*Ave*, ensuite les litanies de la Vierge. On prie Dieu ,pour les voyageurs : on le supplie d'avoir égard à la longueur du chemin qu'ils ont fait pour visiter les saints lieux, on le prie pour les princes chrétiens, pour tous les hommes.

Le service divin se fait dans tous les lieux saints avec beaucoup de piété et de dévotion, avec pompe, à Saint-Sauveur et au Saint-Sépulcre. La grand'Messe, Vêpres, Complies, se chantent tous les jours solennellement avec l'orgue. Les ornements y sont magnifiques, les chapelles bien ornées ; tout y porte à louer Dieu. Tous les jours on fait la procession après Complies, en visitant tous les sanctuaires pour gagner les indulgences.

Le zèle des religieux à chanter les louanges de Dieu, leur grande piété, leur sainte vie, sont de puissants moyens pour porter à la vertu ceux qui ont le bonheur de vivre avec eux. La dévotion se fait voir jusque dans les repas, où on ne parle pas, et où chacun fait un peu de lecture à son tour. Souvent, quand on a rendu grâce, on va dans la cuisine en chantant le psaume *Miserere*. Et là, le supérieur et les religieux lavent les plats et les assiettes avec une humilité tout à fait chrétienne.

On regarde les pèlerins avec tant d'honneur qu'ils ont leur place dans le réfectoire, après le Procureur général de la Terre-Sainte, qui occupe la troisième place, et ils ont un frère qui n'est destiné que pour les servir.

Le couvent de Saint-Sauveur est grand, bâti en terrasse, ainsi que tous les autres du Levant, mais fort irrégulier. L'église, quoique petite, est assez jolie, pavée en partie de marbre ; il y a douze ou treize lampes d'argent, qui sont presque toujours allumées.

On peut dire que tout le couvent n'est composé que de corps de logis détachés et qui ont été ajoutés à différents temps pour recevoir les religieux et les pèlerins qui y viennent quelquefois en très grand nombre ; quant à l'ordinaire, il y a plus de trente ou quarante religieux. La terrasse de l'église est ce qu'il y a de plus agréable, car de là on voit presque toute la ville et beaucoup de saints lieux.

V

BÉTHANIE

Le 23 juillet, deux religieux, un truchement et moi, nous sortîmes du couvent de grand matin pour aller à Béthanie, et de peur que la porte de Saint-Étienne n'eût encore été fermée, nous fûmes par celle du mont Sion. Nous visitâmes en descendant cette sainte montagne, la grotte où saint Pierre se retira après avoir renié Notre-Seigneur, où il pleura amèrement son péché. Nous dîmes le *Pater* et l'*Ave* pour gagner l'indulgence. Il ne reste plus rien de cette grotte que quelques ruines.

Après avoir traversé la vallée de Josaphat, nous montâmes la montagne des Oliviers, et laissant sur la droite un petit village nommé Siloan, nous passâmes assez proche du lieu où étoit ce figuier que le Seigneur maudit parce qu'il n'y avoit point trouvé de fruit. Nous arrivâmes de bonne heure à Béthanie, qui n'est éloignée de Jérusalem que d'environ une lieue et demie.

Ce bourg est situé sur le penchant d'une colline, environnée de petites montagnes couvertes d'oliviers, figuiers et grenadiers, ce qui le rend très agréable ; mais les maisons ne correspondent guère à la beauté de ce lieu ; une bonne partie sont ruinées ou tombent en ruine. Il est cependant d'autant plus estimable que Notre-Seigneur-Jésus-Christ l'a aimé très particulièrement à cause de sainte Madeleine, sainte Marthe et saint Lazare leur frère, et qu'il y a été souvent.

Nous fîmes d'abord notre prière dans le lieu où étoit autrefois la salle de Simon le Lépreux, en laquelle il donna à manger à Notre-Seigneur six jours devant la Pâque et où sainte Madeleine, toujours attentive à honorer ce divin Sauveur, répandit un parfum précieux sur sa tête. On voit encore quelques ruines d'une église que les chrétiens y avoient bâtie.

On nous fit voir assez proche des ruines que l'on dit être du château de saint Lazare (1). Il en reste si peu qu'on ne peut guère juger de sa grandeur. Son tombeau n'en est pas fort éloigné; il faut descendre environ 20 degrés pour entrer dans une petite grotte où on avoit accoutumé de dire la messe. Quand on y alloit, la pierre qui ouvroit autrefois le sépulcre servoit d'autel; mais depuis trois mois, le Santon d'Hébron a fait rompre cette pierre; ainsi, quand on veut y dire la messe présentement, on est obligé de porter un petit autel. De cette première grotte, on descend encore trois ou quatre marches pour entrer dans le lieu où ce grand saint étoit enseveli

(1) Ce sont les restes de l'abbaye fortifiée construite en 1138, à Béthanie, par la reine Mélissende de Jérusalem, pour sa jeune sœur *Ivète* ou *Judith*, qui en fut la seconde abbesse. (Guillaume de Tyr, lib. XV, cap. XXVI.)

quand Notre-Seigneur le ressuscita. On donne quelques maidains et quelques bougies à celui qui a la clef de la porte, mais cela va à fort peu de chose.

Les maisons des saintes Madeleine et Marthe sont à près d'un demi-quart de lieue de Béthanie; on voit proche de celle de sainte Marthe une grosse pierre où on tient que Notre-Seigneur s'arrêta et s'y assit lorsque sainte Marthe vint au-devant de lui et lui dit ces touchantes paroles : « Seigneur, si vous eussiez été ici, mon frère ne fût pas mort. » On me dit qu'il étoit défendu, sous peine d'excommunication, de rompre cette pierre ; ainsi, je me contentai d'en ramasser les petites, qui pouvoient en être des morceaux, et de regarder avec plaisir ces saints lieux si dignes de vénération.

Je ne fais point de description des maisons de sainte Madeleine et sainte Marthe ; il en reste si peu de chose qu'il me seroit difficile d'en donner une juste idée. Après avoir fait nos prières dans tous ces lieux pour gagner les indulgences, nous prîmes sur la gauche et, en montant toujours un peu, on me fit voir d'une petite hauteur où nous étions les hautes montagnes de l'Arabie, et peu après le lieu où est la mer Morte. Après avoir marché quelque temps, on me fit remarquer le lieu où Notre-Seigneur Jésus-Christ monta sur l'ânesse pour faire son entrée triomphante en Jérusalem. On ne voit plus aucune chose de Betphagée, mais la connaissance s'en conserve par tradition.

Nous suivîmes le même chemin que Notre-Seigneur prit autrefois pour cette célèbre entrée. J'étois rempli d'une si grande consolation intérieure en voyant tous ces saints lieux qu'on ne peut pas goûter un plus grand plaisir sur la terre. Je ne ressentois plus de faiblesse ; le temps ne me duroit rien ; il me sembloit être à la suite du Sauveur avec ces peuples heureux et entendre encore les enfants faire retentir l'air de ces belles paroles : *Hosanna filio David, Benedictus qui venit in nomine Domini.* Véritablement ce pays est une source de grâces et de bénédictions, ainsi que dit un saint pape. Pour peu que l'on médite les mystères arrivés dans les lieux où l'on se trouve, on se sent saisi d'une si grande joie qu'il est presque impossible de la pouvoir bien exprimer.

IX

JARDIN DES OLIVIERS

Je remets à une autre occasion à parler du mont Olivet et des sanctuaires qui sont aux environs, que j'ai eu l'honneur de voir plus d'une fois. Je passe au jardin des Olives, qui est au bas de cette sainte montagne et dans la vallée de Josaphat.

Ce jardin, qui n'est pas fort grand en terrain, est cependant très recommandable par rapport aux choses qui s'y sont passées. Il n'y a plus de murailles, mais seulement huit gros oliviers qui appartiennent aux pères de la Terre-Sainte, qui distribuent des olives qu'on y cueille à tous les Religieux, des noyaux desquels ils font des chapelets par dévotion. J'ai eu l'honneur d'entrer plusieurs fois dans ce saint lieu, où Notre-Seigneur est venu si souvent prier avec ses disciples. Quand on considère ce qui s'y passa la veille de sa passion, on voit que malgré les agréments que ce jardin pouvoit avoir alors, ce fut cependant pour lui un lieu de tristesse et d'amertume. Il avoit laissé une partie de ses Apôtres dans le village de Gethsémanie, qui pouvoit être à deux cents pas de là (à présent on n'en voit aucun vestige), et il prit seulement avec lui saint Pierre, saint Jacques et saint Jean. On voit dans le jardin des Olives une roche élevée de deux ou trois pieds de terre où cet adorable Sauveur laissa encore ses trois favoris : là, il leur dit que son âme étoit triste jusqu'à la mort, et il leur ordonna de veiller et de prier, de peur de la tentation ; mais ces grands saints, accablés par la tristesse et le sommeil, se couchèrent sur cette roche et s'y endormirent. La forme de leurs corps y est demeurée imprimée en partie avec les plis de leurs habits, non comme des personnes couchées à leur aise, mais raccourcis. On admire encore cela aujourd'hui.

Après que Notre-Seigneur eut quitté ses trois Apôtres, il s'en alla dans une grotte éloignée d'environ un jet de pierre. Cette grotte est taillée dans le roc; trois piliers du même roc en soutiennent la voûte, dans laquelle il y a un trou en rond par où entre la lumière. Il faut descendre huit ou dix marches pour y entrer.

Véritablement, quand on se voit dans cette sainte grotte, qu'on se met à genoux dans la posture qu'étoit le Fils de Dieu, qu'on pense que la vue de nos péchés, notre ingratitude, le jette dans une agonie mortelle, que cette terre a été arrosée de son sang précieux qui couloit avec sa sueur; quand on réfléchit que c'est son amour pour nous qui l'a porté à toutes ces souffrances, véritablement, dis-je, si on n'est pas touché et attendri, on peut bien dire qu'on a le cœur plus dur que le bronze, et que rien n'est capable de l'ébranler.

Après avoir dit le *Pater* et l'*Ave* pour gagner l'indulgence, on va à l'entrée du jardin. Ce fut là où Notre-Seigneur fut pris, livré à ses ennemis par le traître Judas par la plus noire de toutes les trahisons.

Ce saint lieu est environné de petites murailles d'environ trois ou quatre pieds de hauteur; on diroit d'un petit chemin; l'endroit où il finit est celui où ils le renversèrent par terre, cet adorable Sauveur, qui, comme dit le prophète Isaïe, se laissa mener comme un agneau. C'est là où ils l'accablèrent de coups, le chargèrent de chaînes et le conduisirent à la ville avec une cruauté sans pareille.

A quelque trois ou quatre cents pas le long de la

même vallée, on trouve le pont de Cedron (ce pont n'a qu'une seule arcade d'environ une toise et demie ou deux toises de hauteur). Ces méchants, au lieu de faire passer Notre-Seigneur dessus ce pont, ils le traînèrent par le milieu du torrent en le tirant d'une manière si étrange qu'il tomba sur le bord.

Nous baisâmes les sacrés vestiges de ses pieds, de ses mains et de ses coudes, qui sont demeurés imprimés sur la roche, bien moins dure que les cœurs de ces malheureux. Il y a excommunication contre ceux qui romproient de ces pierres, ainsi que dans beaucoup d'autres lieux de la Terre-Sainte.

X

MAISONS D'ANNE, DE CAÏPHE, PRÉTOIRE DE PILATE, PALAIS D'HÉRODE.

VOIE DOULOUREUSE. — ÉGLISE ARMÉNIENNE DE SAINT-JACQUES.

Notre adorable Sauveur fut conduit ainsi en la maison d'Anne, beau-père de Caïphe ; là il souffrit de nouveaux tourments. C'est à présent un couvent de Religieuses Arméniennes, mais qui ne gardent point de clôture. On ouvre la porte à tous ceux qui désirent y entrer pour visiter l'église, qui est bâtie dans le lieu où étoit autrefois la salle du Pontife ;

elle peut avoir cinq ou six toises de longueur et trois de largeur. Le logement des religieuses est très pauvrement bâti ; on voit dans la cour un vieil olivier planté tout proche le mur de l'église, qui est en grande vénération parmi les chrétiens, parce qu'on croit par tradition que Notre-Seigneur Jésus-Christ y fut attaché et traité avec le dernier mépris.

De cette maison d'Anne, Notre-Seigneur fut conduit dans celle de Caïphe. Cette maison est à quelque cents pas de la porte Sion, hors la ville ; elle est fermée de bonnes murailles fortes, élevées ; la porte pour y entrer est basse et petite, couverte de lames de fer, peut-être par rapport aux Arabes. On entre d'abord dans une cour qui peut avoir quatre à cinq toises de longueur et trois de largeur, autour de laquelle sont les chambres des Arméniens qui possèdent encore cette sainte demeure ; on voit presque dans le milieu de la cour un oranger où on tient qu'étoit saint Pierre lorsqu'il renia son divin Maître. L'église est sur la gauche en entrant, bâtie au lieu où étoit le tribunal de Caïphe ; il y a proche l'autel un petit cabinet où on croit que Notre-Seigneur fut enfermé en attendant que le conseil fût assemblé ; j'omettois que la pierre qui fut mise à l'entrée de la porte du Saint-Sépulcre de Notre-Seigneur est renfermée dans l'autel ; il y a seulement trois ou quatre endroits découverts par où on peut toucher ce précieux monument.

Notre adorable Sauveur souffrit extraordinairement dans cette maison. Saint Pierre le renia, lui en la présence duquel les séraphins se couvrent de leurs ailes. Il reçoit un soufflet d'un valet impie ; on lui cracha au visage, on lui banda la vue et on l'insulta d'une manière si indigne et si basse, que saint Jérôme dit qu'on ne saura qu'au jour du jugement ce qu'il y a enduré d'opprobres et de tourments. La Sagesse incrée, le Bien-Aimé du Père-Éternel, est interrogé comme un coupable ; le plus innocent de tous les hommes est traité comme un criminel, si on ajoute que ce sont nos péchés qui l'ont réduit à souffrir toutes ces douleurs, et ces humiliations, que c'est pour notre amour.

Aussitôt qu'il fut jour, ces inhumains conduisirent Notre-Seigneur dans le prétoire de Pilate. Il falloit presque traverser toute la ville ; on y montoit de la rue par un escalier de 28 degrés de marbre qui ont été transportés à Rome ; c'est ce qu'on appelle la *Scala Sancta*. Sans doute que Notre-Seigneur y répandit beaucoup de sang, lorsqu'il les monta et les descendit après sa flagellation et son couronnement d'épines. Il n'y a plus présentement que onze ou douze marches pour monter le palais, qui a été bâti sur les ruines de l'ancien, parce que la rue a été rehaussée ; nous ne pûmes y entrer, non plus que dans celui de Hérode, qui en est éloigné d'environ cent-vingt ou trente pas. Ces bâtiments paraissent très matériels et fort éloignés de la beauté qu'ils avoient autrefois ; c'est chez ce roi où le Sauveur du monde est traité de fou.

Un si triste état auroit bien dû apaiser leur rage et leur fureur ; mais pires que des démons, ils demandent qu'on le crucifie. Ils ne se souviennent plus de tant de biens qu'il leur a faits, des malades qu'il a guéris. Pilate est obligé, craignant la sédition, de condescendre à leur volonté ; le respect humain eut plus de pouvoir sur ce juge malheureux que son devoir.

Suivons notre adorable Sauveur, que ces barbares ont chargé d'une pesante croix ; suivons-le au milieu de ses bourreaux et de ses plus grands ennemis, qui vomissent contre lui mille blasphèmes. Il seroit plus à propos de méditer ici que de vouloir parler de cette triste marche ; cependant, pour nous en former une petite idée, passons avec lui jusque sur le Calvaire, et remarquons exactement tous les lieux dont il est parlé dans la Sainte-Écriture.

A quelque deux cents pas du palais de Pilate, on remarque le lieu où Notre-Seigneur rencontra la Très Sainte Vierge et plusieurs saintes femmes; sans doute que cette vue redoubla considérablement ses peines. Il y avoit autrefois une église en cet endroit, appelée la Pamoison de la Sainte-Vierge, en mémoire de l'affliction dont elle se trouva accablée, voyant son cher Fils traité d'une manière si cruelle ; elle tomba en faiblesse, et il n'y a point de paroles qui puissent exprimer l'excès de la douleur qu'elle ressentit alors. On ne voit plus rien de cette église.

A environ cinquante pas plus avant, au bout de la rue, on trouve un petit carrefour, où Notre-Seigneur, épuisé de forces, tomba sous le faix de la Croix. Ses ennemis, appréhendant qu'il ne mourût devant d'être au Calvaire, obligèrent un certain Simon Cirénéen, qui revenoit des champs, de se charger de sa croix. Quelle faveur pour ce pauvre homme d'avoir l'honneur de porter ce sacré fardeau !

Tout proche est le lieu où Notre-Seigneur se trouva vers les femmes qui pleuroient en le suivant, et leur dit : « Filles de Jérusalem, ne pleurez point sur moi, mais sur vous et sur vos enfants. » Tous ces saints lieux, où il y a à chacun Indulgence plénière, ainsi que dans tous les autres lieux où Notre-Seigneur a été, sont marqués par de petites colonnes que les Chrétiens ont eu soin d'y mettre, à chacune desquelles on dit le *Pater* et l'*Ave*.

La maison de sainte Véronique peut être éloignée de ce lieu d'environ deux cents pas. Cette femme dévote, touchée de compassion voyant passer Notre-Seigneur tout couvert de sang, son visage souillé de crachats, le lui essuya avec son voile. Cette face sacrée, qui fait le bonheur des saints dans le ciel, y demeura imprimée. Il est à présent à Rome en l'église de Saint-Pierre.

On trouve à quelque soixante pas de la maison de cette sainte la Porte *Judicialis*. On dit que c'étoit là que l'on lisoit publiquement les sentences des criminels que l'on conduisoit au Calvaire, éloigné de cette porte d'environ deux cents pas. Cette porte est une ruine de l'ancienne ville de Jérusalem ; le cintre subsiste encore et quelques restes des murailles ; elle est à présent à peu près dans le milieu de la ville.

Enfin, suivons notre divin Sauveur jusque sur le Calvaire et toujours environné d'une troupe de canaille qui cherche tous les moyens de le faire souffrir.

Le 24 juillet, je fus entendre la messe et les premières vêpres à Saint-Jacques ; c'est une des plus belles églises du Levant ; il y a au milieu un beau dôme porté sur quatre gros piliers ; elle est presque toute peinte de diverses histoires, mais d'une peinture très grossière. Sur la gauche en entrant, on voit une petite chapelle, sous l'autel de laquelle il y a une pierre ronde que je crois de porphyre, un peu plus enfoncée que le pavé, pour marquer l'endroit où saint Jacques eut la tête tranchée. On tient que ce lieu étoit alors le marché public.

Cette église appartient aux Arméniens, qui ont en ce lieu un très beau couvent. On entre de la rue en une espèce de galerie, ensuite en une cour qui est assez grande, et après cela sous le porche de l'église. Le 25, fête de saint Jacques, les pères de la Terre-Sainte y célébrèrent la messe avec beaucoup de pompe et de dévotion. Les ornements y sont très beaux ; on y avoit porté un petit buffet d'orgues.

La dévotion des chrétiens est si grande que j'eus

assez de peine d'aller baiser ce saint lieu où la tête de saint Jacques fut coupée.

XI

ÉGLISE DU SAINT-SÉPULCRE

Après les vêpres du même jour, je fis ouvrir les portes de l'église du Saint-Sépulcre, afin d'y demeurer quelque temps. Les truchements des Chrétiens, Grecs et Arméniens, en sont toujours avertis, afin qu'eux-mêmes en avertissent ceux de leur maison qui veulent profiter de ces heureux moments pour visiter les sanctuaires. Dans ces ouvertures particulières, les portes restent environ une heure ouvertes. Outre les quinze piastres que le Grand Seigneur exige des pèlerins, celui qui fait faire l'ouverture paye encore une piastre à ceux qui ouvrent les portes, quelquefois plus ou moins, suivant les occurrences ; il n'en coûte qu'à lui ; ainsi, il peut profiter à son tour des ouvertures que d'autres font faire. J'y suis entré trois ou quatre fois par de semblables occasions. Il s'y trouve toujours une grande quantité de personnes qui s'empressent de visiter ces lieux sacrés. On y voit de ces personnes pousser des soupirs, frapper leurs poitrines, baiser la terre, et donner des marques de la plus tendre dévotion.

Que j'eus de joie de me voir enfermé dans cette sainte Église, qui est assurément la plus belle qui soit dans le monde! Le service s'y fait avec une piété très grande, et ordinairement dans la chapelle de l'Apparition, où sont les chaires des religieux. C'est le lieu où on tient par une sainte tradition que Notre-Seigneur apparut à la Très Sainte Vierge sa mère, après sa glorieuse résurrection. Cette chapelle est bien voûtée, passablement grande et éclairée par une fenêtre qui est au-dessus du grand autel. Tous les jours on fait la procession dans tous les Sanctuaires pour gagner les indulgences. Voici l'ordre qu'on y observe : tous les religieux ont chacun une bougie qu'ils allument, et les pèlerins pour la première fois un cierge blanc, et les autres fois une bougie. Après qu'on a prié devant l'autel où repose le Très Saint Sacrement, qui est dans la chapelle de l'Apparition, on chante une hymne devant un petit autel qui est à côté, où il y a un morceau considérable de la colonne où Notre-Seigneur fut attaché et fouetté si cruellement que tout son corps n'étoit qu'une plaie. On la peut voir facilement au travers d'une petite grille de fer, et comme il n'est pas facile d'y toucher de la main, on y fait toucher un bâton que l'on baise par dévotion. L'hymne qu'on y chante, l'oraison qu'on y dit, touchent extraordinairement et portent à considérer la bonté infinie de Dieu, qui, pour l'amour de nous, a bien voulu endurer de si grandes peines et de si horribles tourments.

A la descente de cette chapelle, il y en a une autre sur la main gauche dédiée à sainte Madeleine, où il y a trois lampes qui brûlent continuellement. On ne s'arrête pas à cette chapelle, mais on va où Notre-Seigneur Jésus-Christ fut mis pendant que les bourreaux préparoient la croix et les autres instruments de son supplice. C'est une grotte profonde, taillée dans le roc, qui n'est éclairée que par la lumière de trois lampes; elle a quelque chose de bien triste et de bien lugubre. On tient que Notre-Seigneur tomba en y entrant, ce qui ne se put faire sans qu'il y répandît une grande quantité de sang. Après qu'on a chanté l'hymne, l'oraison, le *Pater* et l'*Ave* pour gagner l'indulgence, on va dans la chapelle bâtie dans le lieu où les soldats divisèrent les vêtements de Notre-Seigneur et jetèrent au sort la robe sacrée. Elle est très petite, elle peut avoir neuf ou dix pieds en carré; il y a trois lampes qui y brûlent.

On descend ensuite dans la chapelle de Sainte-Hélène par un escalier fort large et très propre, fait de belles pierres de taille. Le dôme est soutenu par quatre colonnes de marbre qui sont toujours humides par rapport à la fraîcheur du lieu, car l'escalier est de 29 ou 30 degrés. Il y a deux autels dans cette chapelle ; on remarque à côté du grand autel, sur la gauche, une pierre taillée en forme de chaire où on dit que sainte Hélène se reposoit et encourageoit les travailleurs à persévérer dans la recherche du bois sacré de la Croix.

On ne s'arrête à cette chapelle qu'après qu'on a encore descendu 11 degrés taillés dans le roc pour entrer dans le lieu dit de l'Invention de Sainte-Croix, parce que ce fut l'endroit où ce précieux trésor fut trouvé. Cette chapelle est éclairée de trois lampes, et toute taillée dans le roc. C'étoit autrefois une fosse profonde où les Juifs avoient jeté la croix et les autres instruments de la passion de Notre-Seigneur. Ils les couvrirent de pierres et de terre pour en ôter la connaissance aux chrétiens. On chante l'hymne, l'oraison, ainsi que dans les autres sanctuaires. De là, on remonte dans la chapelle de Sainte-Hélène, où on fait la même chose.

A la sortie des degrés de la chapelle de Sainte-Hélène, on rencontre sur la gauche la chapelle de l'Impropere; on l'appelle ainsi parce que dessous l'autel on y garde le bout de la colonne sur laquelle les Juifs firent asseoir Notre-Seigneur Jésus-Christ, lorsqu'ils le couronnèrent d'épines. L'Évangile dit que ces malheureux le revêtirent d'une robe de pourpre pour se moquer de lui, lui mirent un roseau dans la main droite pour lui tenir lieu de sceptre, et ensuite, mettant un genou en terre, ils le saluaient, tantôt ils lui arrachoient ce roseau et lui en frappoient la tête (ce qui étoit un terrible tourment, car ces coups faisoient enfoncer la couronne d'épines); enfin, le traitèrent avec le plus grand mépris qu'on puisse jamais faire souffrir à un homme. Cette sacrée colonne peut avoir deux ou trois pieds de hauteur, et trois ou quatre de circonférence ; on la peut toucher au travers d'une grille de fer et y faire toucher des chapelets.

De ce lieu, on monte sur le Calvaire par 19 ou 20 degrés ; on quitte ses souliers par respect, ainsi que quand on entre dans le Saint-Sépulcre, dans la grotte où Notre-Seigneur a sué sang et eau, et en beaucoup d'autres lieux. Il y a deux chapelles sur le Calvaire, qui ne sont divisées que par un gros pilier qui soutient les voûtes. Le pavé de ces deux chapelles est très riche, fait de petites pierres de marbre et autres pierres rares, placées et rangées avec beaucoup d'art. Les voûtes sont peintes à la mosaïque, mais gâtées par la fumée des lampes ; il y en a vingt-deux, toutes d'argent. La chapelle qui est dans le lieu où Notre-Seigneur fut cloué à la croix appartient aux Chrétiens romains ; celle où la croix fut élevée appartient aux Grecs. Le tronc où la croix fut plantée est revêtu de lames d'argent où sont représentées en relief les principales choses qui se passèrent à la Passion. Ce lieu est couvert de marbre blanc ondé et élevé du pavé de la chapelle d'environ un pied et demi. On voit à quelque deux pieds du trou de la sainte Croix la fente de la montagne qui se fit à la mort de notre Sauveur ; elle est près d'un pied de largeur et couverte d'une petite grille de fer. On l'aperçoit encore dans la chapelle de notre premier Père, qui est directement sous le Calvaire.

De dire ce que l'on ressent dans ce saint lieu,

cela n'est possible ; on y ressent de la douleur et de la consolation : de la douleur quand on pense qu'un Dieu y a souffert tant de tourments, que le Saint des saints, le bien-aimé du Père Éternel, l'Agneau sans tache, y a été traité de la manière du monde la plus cruelle ; — de la consolation, quand en baisant ces lieux sacrés, on se dit à soi-même : « Me voici dans ce lieu où Notre-Seigneur a été élevé en croix, où ses mains et ses pieds ont été percés, tous ses membres ôtés de leur place ; où il a vaincu la mort et le péché, et où il nous a mérité tout le bien que nous pouvons avoir, où il a répandu son sang précieux pour nous remettre en grâce avec Dieu, pour nous mériter sa gloire. » J'y ai vu souvent de ces Grecs et de ces Arméniens, qui ont des chambres dans l'enclos de l'église, se prosterner sur le pavé, le baiser et pousser des soupirs, se frapper la poitrine, enfin donner des marques d'une grande dévotion.

A côté des deux chapelles, il y en a une autre dédiée à la Très Sainte Vierge, dans laquelle on ne peut entrer que par dans la rue, par un escalier de dix ou douze marches. Elle est petite, mais bien bâtie ; il y a une fenêtre grillée de gros barreaux de fer dans le mur qui la séparent du Calvaire, d'où on la voit tout entière, comme si on étoit dedans. Tous les jours on y vient dire la sainte Messe du couvent de Saint-Sauveur. On prétend qu'elle est bâtie dans le lieu même où étoit la Très Sainte Vierge pendant qu'on attachoit Notre-Seigneur sur la croix.

Saint Bonaventure dit que lorsque la Très Sainte Vierge aperçut son cher Fils étendu tout nu sur la croix, elle se trouva comme abîmée en une mer de douleurs, qu'elle perdit presque tout sentiment et demeura demi-morte. Les clous qu'elle entendoit enfoncer dans les mains et les pieds de Notre-Seigneur lui faisoient aussi de profondes blessures et perçoient sans doute son cœur. Des saints Pères assurent qu'elle endura là et sur le Calvaire des douleurs plus grandes que celles que tous les martyrs ont endurées.

Le lieu où cette Vierge sacrée étoit sur le Calvaire avec saint Jean, sainte Marie-Madeleine et les autres saintes femmes, est marqué de deux pierres rondes de marbre blanc. Après qu'on a chanté des hymnes, dit le *Pater* et l'*Ave,* on descend le Calvaire et on va à la pierre de l'Onction qui est devant la grande porte de l'église. Cette pierre est couverte d'une autre pierre de marbre blanc d'environ six pieds de longueur; elle est relevée du pavé de l'église de quatre à cinq pouces et environnée d'une balustrade de fer ; huit lampes d'argent y brûlent continuellement.

C'est là que Joseph d'Arimathie et Nicodème, tous deux disciples de Jésus, qui n'avoient pas osé le reconnaître publiquement pendant sa vie, lui rendirent les derniers devoirs. Joseph demande à Pilate le corps de son Sauveur, qui le lui accorda aussitôt; ils le descendirent donc de la croix et le mirent sur cette pierre, et après l'avoir oint d'onguents précieux, ils le portèrent dans le sépulcre, où la procession se rend après avoir fait les prières accoutumées.

C'étoit la coutume parmi les plus considérables d'entre les Juifs de choisir un sépulcre pendant leur vie ; ils le faisoient ordinairement tailler dans quelque rocher, à la manière d'un petit cabinet dans lequel étoit le tombeau, où ils mettoient le corps, et ils bouchoient ensuite la porte avec quelque grande pierre. Tel étoit celui de Joseph, qu'il avoit fait tailler pour lui dans un petit jardin qu'il avoit près du Calvaire, où ils mirent notre divin Rédempteur. Sans doute qu'il a été réduit par dehors pour lui donner la forme qu'il a aujourd'hui. Il est revêtu de marbre blanc et enrichi de petites colonnes aussi de marbre, avec leurs chapiteaux qui forment de petites arcades qui soutiennent la corniche de la plateforme, sur laquelle il y a un petit dôme couvert de plomb, soutenu par douze petites colonnes de marbre et de porphyre, jointes deux à deux, qui forment six arcades dans lesquelles il y a dix-huit lampes.

Ce sacré monument est composé de deux petits cabinets joints ensemble. Le premier, qui est comme le vestibule, s'appelle la chapelle de l'Ange, qui peut avoir sept ou huit pieds en carré.

Le second en a un peu moins. C'est là où est ce Tombeau sacré dont le prophète Isaïe a prédit la gloire ; il sert d'autel à présent, sur lequel on dit tous les jours la messe (1). Le tout est revêtu de marbre et pavé de même ; quarante-quatre lampes d'argent y brûlent nuit et jour, et dix-sept dans la chapelle de l'Ange, lieu où les saintes Femmes qui venoient pour embaumer le corps de leur divin Maître virent un ange assis sur la pierre qu'il avoit renversée et ôtée de devant le sépulcre, qui leur dit : « Ne craignez point ; vous cherchez Jésus de Nazareth, qui a été crucifié ? Il n'est plus ici, voici le lieu où il avoit été mis ; allez, et dites à ses disciples et à Pierre qu'il vous précèdera en Galilée ; c'est là que vous le verrez. » On voit encore dans la chapelle de l'Ange une pierre d'un pied et demi en carré de la roche même qui servoit d'appui à celle qui fermoit la porte du sépulcre. On ressent à peu près, voyant de si

(1) C'est là, agenouillés, la tête penchée sur cette tombe merveilleuse que l'on créait et que l'on crée encore les *Chevaliers du Saint-Sépulcre* (*Le voyage d'outremer* (*Égypte, mont Sinay, Palestine*), *de Jean Thenaud, gardien du couvent des Cordeliers d'Angoulême*, etc., p. 95. (Paris, Leroux, M D CCC LXXX IV, in 4°. — *Discours du voyage d'outremer au Saint-Sépulcre de Jérusalem et autres lieux de la Terre-Sainte*, par Anthoine Regnaut, bourgeois de Paris, imprimé à Lyon aux despens de l'Autheur, 1573, in-4°.)

Les deux créations de *Chevaliers du Saint-Sépulcre* les plus rapprochées par leur date du voyage de Turpetin sont celles : 1° de *Messire Pierre Oyon*, de Soissons, reçu chevalier le 20 août 1699, par frère François de Saint-Flor, custode de Terre-Sainte ; 2° de *Messire Pierre Lestivant Martinet*, officier (*præfectus*) dans le régiment de Hussards de Bretigny, reçu le 10 octobre 1720, par frère Jean Philippe de Milan (*Registre des chevaliers et voyageurs en la Terre-Sainte*, fol. 382 et 383 verso. Manuscrit de la bibliothèque de M. le chanoine L. de Saint-A., à Orléans.)

belles choses, la même joie que ressentirent ces saintes femmes ; on ne devroit jamais se lasser de les admirer.

Ce sacré monument est sous un grand dôme couvert de plomb tout ouvert par le haut. Il y a seulement un treillis de fil de fer pour empêcher les oiseaux d'y entrer ; sa charpente est de bois de cèdre bien travaillée.

Ce dôme est environné d'une belle galerie qui a pour le moins deux toises de largeur, soutenue par six gros piliers carrés de pierre de taille, et dix colonnes de marbre soutiennent ce dôme. On voit encore quelque reste de peinture à la mosaïque dont ce saint temple étoit orné autrèfois, qui font connaître combien il étoit riche et magnifique.

Avant que sainte Madeleine eût connu que Notre-Seigneur fût ressuscité, elle ne pouvoit quitter son tombeau, inquiète de ce qu'elle n'y avoit plus trouvé son sacré corps. Elle regardoit de tous côtés ; elle aperçut ce divin Sauveur sous la forme d'un jardinier. L'endroit est marqué par une grande pierre de marbre blanc, taillée en rond, qui est à huit ou dix pas du Saint-Sépulcre. « Seigneur, dit-elle, pensant que ce fût le jardinier du jardin, si vous l'avez ôté, dites-moi où vous l'avez mis, et je l'emporterai. » Quel prodigieux amour ! Son grand zèle lui ôtoit en quelque façon le jugement ; elle traite un jardinier de Seigneur, et supposé que ce jardinier eût ôté ce corps sacré, avoit-elle la force de l'emporter ? Oh !

qu'heureux seroit un pèlerin qui auroit un amour semblable, qu'il remporteroit de fruit de la visite de ces saints Lieux !

Notre-Seigneur ne laissa pas longtemps sainte Madeleine dans son erreur ; il l'appela par son nom. « Mon Maître, » s'écria-t-elle aussitôt, en courant à lui avec un empressement qui marquoit sa joie. Mais cet adorable Sauveur l'arrêta en lui disant : « Marie, ne craignez point, ne me touchez pas, car je ne suis pas encore monté à mon Père. »

On est ravi quand, en ces Saints lieux, on médite sur les choses qui s'y sont passées. Cela touche bien autrement que si on faisoit ces réflexions ailleurs.

On rentre ensuite dans la chapelle de l'Apparition, où la procession finit par les litanies de la Sainte-Vierge, un hymne en son honneur et plusieurs oraisons pour Notre Saint-Père le Pape, les rois et princes chrétiens, et pour tous les hommes.

Les Grecs occupent le chœur de ce temple divin, qui est fermé d'un mur de clôture et qui a trois portes pour y entrer : il est divisé en deux parties fort inégales par un très riche balustre de bois tout peint, où il y a pareillement trois portes : la plus grande au milieu, devant l'autel, et deux moyennes au côté. L'autel, qui est très simple, est dans la dernière partie, qui est la plus petite, avec ses trois sièges de Patriarches : le plus élevé, pour Notre Saint-Père le Pape, le second, pour le patriarche de Constantinople, et le troisième, pour celui d'Alexandrie. Hors du balustre, dans la première partie sur la droite, est le siège de celui d'Antioche, et à la gauche, celui du patriarche de Jérusalem. Ce chœur est couvert d'un très beau dôme, soutenu par quatre gros piliers. On y voit beaucoup de peintures fort riches, à la mosaïque et à la grecque, beaucoup de lampes et un lustre de cuivre fait en forme de couronne, qui est d'une grandeur extraordinaire (1).

Ce chœur n'a guère moins de douze toises de long sur quatre de large. L'entrée de cette église est très belle, à doubles portes, l'une desquelles est présentement murée. On trouve en entrant sur la main droite une chapelle qui est directement sous le Calvaire, appelée la Chapelle d'Adam, parce qu'on tient que sa tête y a été enterrée (2). On voit dans cette chapelle trois tombeaux : le premier est de Godefroy de Bouillon, qui conquit le royaume de Jérusalem, et qui en fut le premier roi ; il ne voulut jamais être couronné, disant qu'il auroit été honteux qu'un roi de la terre eût porté une couronne d'or dans le lieu où le Roi des Rois n'en avoit porté qu'une

(1) Sans doute celui qui fut envoyé par un grand-duc de Moscou et qui excitait, en 1612, l'admiration de M. de Vergoncey. (*Le nouveau et dernier voyage de Iervsalem Faict par le commandement du Roy*, pages 285, 286.)

(2) Très ancienne tradition chrétienne que l'on rencontre pour la première fois dans saint Épiphane, *De Hæresiis*, hœres. 46, § 5. — Couret, *La Palestine sous les empereurs grecs*, page 19, texte et note 5. Grenoble, imprimerie de F. Allier père et fils, 1869, in-8°.

d'épines. Voici l'inscription qui est gravée sur ce tombeau :

Hic Jacet dux Godefridus
De Bullon qui totam istam terram
Acquisivit cultui Christiano
Cujus anima regnet cum Christo.
Amen.

Le second est de Beaudoin, son frère, sur lequel est écrit :

Rex Baldeuvinus Judas alte -
Machabeus, spes patriæ vigor Ecclesiæ
Virtus utrius que, quem formidabant
Cui bona (1) *tributa ferebant Cedar et Egiptus, dan et homicida Damascus*
proh dolor, in modico clauditur
hoc tumulo.

Le troisième est, à ce qu'on prétend, de Melchisédech (2).

Il y en a encore deux autres (3), proche la pierre de l'onction, qui tiennent à la muraille qui ferme le

(1) *Dona.*

(2) Le prétendu tombeau de Melchisédech paraît être en réalité celui du roi Foulques d'Anjou, mort en 1142.

(3) Il y avait en outre cinq autres tombes royales dans l'église du Saint-Sépulcre, celles des rois Baudouin II, Baudouin III, Amaury, Baudouin IV et Baudouin V, rangées toutes sur une seule ligne dans la chapelle du Calvaire. Mais quelques-unes de ces tombes avaient sans doute disparu lors du pèlerinage de Turpetin.

chœur des Grecs, mais qui sont fort gâtés. On dit que les Turcs les ont ainsi rompus, croyant qu'il y avoit des trésors renfermés. Tous ces tombeaux sont de marbre, et assez bien travaillés.

On voit encore dans l'appartement des Cophtes, sous les galeries du dôme, le sépulcre de Joseph d'Arimatie et de Nicodème. Le lieu est si obscur qu'il y faut de la chandelle.

Les Arméniens ont leur chapelle dans les galeries; elle est bien ornée, mais petite. Celle des Cophtes est encore moins grande, très obscure ; elle est derrière le saint Sépulcre, appuyée contre le mur. Celle des Abyssins et des Syriens, surnommés Jacobites, sont sous des galeries. Je crois que les Grecs s'en sont emparés : ils y ont fait quelques petits logements, avec des ais pour leurs pèlerins.

Nos Pères commencent l'office les premiers, tant le jour que la nuit ; ils ont seuls le pouvoir de sonner leur office avec une clochette. Les Grecs suivent, et les Arméniens ensuite ; au lieu de cloches, ils ont des planches de bois suspendues en l'air, sur lesquelles ils font quelquefois un terrible bruit. Ainsi, une grande partie de la nuit et du jour, on entend chanter les louanges de Dieu.

On peut aussi visiter les Sanctuaires à quelque heure que ce soit. Ils ne sont jamais fermés, même la nuit, car la grande quantité de lampes qui y sont allumées y donnent une grande lumière ; il n'y en a guère moins de cent cinquante.

Le Père président (1), qui étoit Flamand de nation, mais qui parloit bon français, m'a dit que dans les cérémonies de la semaine Sainte, il y a bien près de deux mille lampes allumées dans toute l'église, et outre cela, un nombre presque infini de cierges et bougies.

Les ornements y sont magnifiques; ce sont des présents des rois et princes chrétiens (2). L'ornement de France est un des plus estimés (3). Il y a, outre cela, beaucoup de chandeliers d'argent et plusieurs autres richesses. Ce sont ces mêmes rois et princes qui ont donné une grande quantité de lampes, qui sont entretenues à leurs dépens. Il y a une lampe, dont le royaume de Naples a fait présent, où il est entré mille marcs d'argent; il faut une machine pour l'enlever, tant elle est pesante.

Les bâtiments que les Grecs et les Arméniens occupent sont très peu de chose. Celui de nos Pères, quoique pauvrement bâti, est le plus spacieux et le plus commode; une grande partie est ménagée dans le rocher. Il y a toujours dix ou douze religieux dans

(1) Le *Président du Saint-Sépulcre* était un dignitaire du couvent des Franciscains de Jérusalem, mais il ne faut pas le confondre avec son supérieur le Gardien du Saint-Sépulcre et du Mont-Sion, custode de la Terre-Sainte. (Vergoncey, page 273.)

(2) Le duc de Bourgogne, Philippe-le-Bon et les rois d'Espagne des maisons d'Autriche et de Bourbon.

(3) Don du roi Louis XIII. (*Voyage de Levant*, fait par le sieur Deshayes, Ambassadeur du Roi vers le Grand Seigneur, l'an 1621, publié par le commandement de Sa Majesté, par le sieur D. C. Paris, 1632, in-4°, page 2. — *La Terre Sainte*, etc., par F. Eugène Roger, Récolet, pages 23 et 143. Paris, Bertier, 1664, in-4°.)

ce saint lieu, qui y sont ordinairement pour six mois. On leur apporte tous les jours du couvent de Saint-Sauveur tout ce qui leur est nécessaire pour le boire et le manger. On passe cela par un grand trou fait exprès dans les portes de l'église. A l'égard de l'eau, on la prend dans une belle citerne, qu'on appelle encore aujourd'hui la citerne de sainte Hélène ; elle est commune à toutes les personnes qui ont droit de demeurer dans cette sainte église.

Je demeurai dans ce lieu sacré depuis le 24 juillet jusqu'au 4 août. Heureux qui pourroit y passer toute sa vie! Lieu où le silence n'est interrompu que par le chant des louanges du Très-Haut, où on n'a point d'autres occupations que de rendre de continuelles actions de grâce à celui qui y a souffert pour l'amour de nous tant d'opprobres et de tourments.

Cet auguste temple a été bâti par l'empereur Constantin, à la sollicitation de sainte Hélène, sa mère. Il n'y avoit rien épargné; il ordonna qu'on employât pour y travailler les meilleurs ouvriers et les plus habiles architectes de son empire, désirant que ce bâtiment fût si accompli qu'il surpassât tous les autres du monde en beauté et en richesses comme il les surpassoit en dignité et en sainteté. On peut connaître, en examinant à fond quelques ouvrages qui restent, ce qu'il a été autrefois. J'en sortis le matin, et après les vêpres de ce même jour, je partis pour Bethléem avec le frère Maximin et un truchement.

XII

BETHLÉEM

Je fus obligé de quitter la robe que j'avois fait faire, pour en prendre une plus mauvaise, et de prendre un turban tel que les Chrétiens le portent. J'avois porté jusqu'alors un bonnet; il faut toujours aller habillé à la longue, et très pauvrement; autrement, on se met en hasard d'être dépouillé, et souvent d'être battu. Nous sortîmes par la porte de Bethléem, et nous suivîmes à peu près le même chemin que les Rois Mages avoient pris autrefois. L'idée de ces saints Rois étoit si fort imprimée dans mon imagination, qu'il me sembloit être à leur suite; mon cœur nageoit dans la joie, mais cette joie étoit si pure et si agréable, qu'il me sembloit n'en avoir jamais ressenti de pareille que dans la visite des Saints Lieux.

On me fit remarquer en marchant une manière de tour bâtie, à ce que l'on tient, sur les ruines de la maison de saint Siméon (1), cet heureux vieillard

(1) Ces ruines, appelées par les Arabes *Kirbet-el-Kathamoun*, sont à quarante-cinq minutes à peine de Jérusalem. La tradition qui en fait la maison de saint Siméon, quoique assez plausible, ne paraît cependant pas remonter au delà du XVe siècle.

qui eut le bonheur de tenir entre ses bras le Sauveu du monde, lorsque la Sainte-Vierge et saint Joseph l portèrent au temple, pour satisfaire à la loi. Cett tour est sur une petite hauteur, au-dessus de la vallé de Raphaïm, c'est-à-dire vallée des Géants (1).

Cette vallée est très célèbre dans les saintes Écritures. David y gagna deux batailles sur les Philistins, dont il est parlé dans le second livre des Rois (2).

Nous passâmes proche un Figuier, à la place duquel étoit autrefois un térébinthe qui étoit en grande vénération parmi les chrétiens, parce qu'on dit que la Sainte-Vierge s'y reposa lorsqu'elle porta Notre-Seigneur en Jérusalem (3). Nous y fîmes notre prière pour gagner l'indulgence.

Nous rencontrâmes ensuite une Citerne dans le milieu du chemin ; elle est assez profonde et presque toute couverte, à la réserve d'une petite ouverture ronde. Il y a autour trois petits bassins de pierre pour abreuver les animaux ; elle est appelée la citerne des Rois, parce qu'on tient que ce fut en cet endroit que l'étoile, qui les avoit quittés en Jérusalem, se fit voir à eux et les conduisit jusque dans le lieu

(1) Les *Raphaïm* étaient une tribu aborigène de la Palestine transjordane, de taille gigantesque, et dont une partie avait pu s'établir dans cette plaine.

(2) Cette plaine est connue aujourd'hui sous le nom de *El-Beka'ah.*

(3) C'est le *Térébinthe de Marie,* auquel se rattachaient plusieurs charmantes légendes et qui fut, en 1645, brûlé par un Arabe, dont le champ était foulé par les pèlerins venant en foule vénérer cet arbre sacré.

où étoit cet adorable Sauveur, qu'ils cherchoient avec tant de soin (1).

On trouve un peu plus avant un monastère de Grecs dédié à saint Élie, fermé de bonnes murailles. Nous entrâmes dans l'église, qui est assez belle; ayant fait notre prière, nous en sortîmes sans visiter le logement des Grecs, qui est très peu de chose (2).

De l'autre côté du chemin, on voit une grosse pierre sur laquelle on tient que le saint prophète Élie se coucha un jour pour prendre un peu de repos. Cette roche s'amollit sous lui, et la figure de son corps y est assez bien imprimée, même les plis de ses habits (3).

On nous montra, assez proche du même chemin, quelques ruines que l'on dit être de la chapelle bâtie où étoit autrefois la maison du prophète Habacuc. Ce saint prophète avoit trempé un jour de la soupe pour ses moissonneurs. Il leur portoit, lorsqu'un ange lui apparut, qui lui dit de la porter à Daniel, qui étoit à Babylone dans la fosse aux Lions. Il répondit qu'il ne savoit pas où étoit Babylone, ni cette

(1) C'est la citerne de l'*Étoile* ou puits des *Trois-Rois,* appelé par les Arabes *Bir en-Nedjem.*

(2) Ancien couvent byzantin renversé par un tremblement de terre et rebâti en 1160, grâce à la munificence de l'empereur Manuel Commène. Des terrasses de ce couvent on aperçoit à la fois Jérusalem et Bethléem.

(3) Cette apparence de forme humaine a presque entièrement disparu aujourd'hui.

fosse. L'ange le prit alors, et le transporta en un instant dans ce lieu.

Approchant de Bethléem, nous passâmes proche le sépulcre de Rachel, femme du patriarche Jacob. Il avoit tant d'estime pour elle, qu'il servit Laban pendant quatorze ans, pour l'avoir en mariage. Elle mourut en couches de Benjamin ; cette perte affligea extrêmement ce grand patriarche, qui, après les jours de deuil, lui fit édifier ce tombeau.

Les Turcs l'ont en si grande vénération, qu'ils en ont fait une mosquée, où il ne nous est pas permis d'entrer ; elle est carrée et couverte d'un petit dôme.

La campagne est très belle ; on y voit et on y découvre des montagnes, des collines, beaucoup de vallées remplies d'oliviers. Tout cela forme un aspect très agréable.

A un demi-quart de lieue du sépulcre de Rachel, on nous montra les ruines de Rama, où le cruel Hérode fit massacrer beaucoup de petits enfants, croyant envelopper dans ce massacre le Sauveur du monde. Ce fut l'accomplissement de la prédiction du prophète Jérémie : *Vox in Rama audita est, ploratus et ululatus multus, Rachel plorans filios suos* (1).

A trois ou quatre cents pas de Bethléem, on nous fit détourner du chemin sur la gauche, pour aller voir

(1) Il paraît probable, en effet, que l'on doit identifier la *Rama* de l'Évangile de saint Mathieu avec les ruines qui avoisinent le tombeau de Rachel. (*Description de la Palestine*, par Victor Guérin, *Judée*, t. Ier, pages 231, 232 et 233.)

la Citerne de David, ainsi appelée à cause que ce grand roi, étant un jour assiégé dans Jérusalem par les Philistins, souhaita ardemment de boire de l'eau de cette citerne. Trois hommes de son armée, passant au travers de celle de ses ennemis, lui en apportèrent ; mais, l'estimant trop parce qu'elle avoit exposé à la mort ces trois braves hommes, il n'en voulut pas boire ; mais il la répandit devant le Seigneur.

Nous arrivâmes peu de temps après à Bethléem, ville dont le prophète Michée a prédit la gloire, quand il a dit que dans elle naîtroit celui qui devoit gouverner Israël. Elle est située sur le penchant d'une petite montagne ; les environs sont remplis d'oliviers, figuiers et grenadiers, qui en rendent la vue très agréable et divertissante. Il peut y avoir environ deux cents maisons, dont une grande partie tombent en ruines. Il y a beaucoup de chrétiens ; leur métier est de faire des chapelets, des croix et autres petits ouvrages, qu'on fait bénir sur le saint Sépulcre. On auroit peine à croire le grand nombre qui s'y en fait, que les Pères et autres qui viennent visiter les Saints Lieux emportent chez eux. J'ai vu un Père qui en avoit pour près de cent piastres ; chacun en emporte le plus qu'il peut.

Le couvent des Pères de la Terre-Sainte est à l'extrémité de la ville. On trouve d'abord la ruine d'une porte qui pourroit bien être de l'ancienne ville. Il ne reste plus que le cintre, d'où on entre dans une grande cour, où il n'y a plus de murailles. On dit qu'elle étoit autrefois pavée de belles pierres de taille. De cette cour, on entre par une petite porte couverte de lames de fer, qui n'a que quatre pieds de hauteur, dans une espèce de porche et ensuite dans l'église.

Ce couvent est comme une forteresse; les murs sont aussi épais que ceux qui défendent nos villes. Il seroit difficile d'y entrer de force; il est grand et spacieux : le réfectoire et les chambres sont tous voûtés, ainsi que dans tous les autres couvents du Levant. La terrasse a une vue des plus agréables; l'église a été bâtie par sainte Hélène, en forme de croix et avec beaucoup de magnificence; la nef est belle; les ailes doubles; le tout supporté par cinquante colonnes de marbre, toutes d'une pièce d'environ trois toises de hauteur. De la nef, on monte dans le chœur, où est le grand autel; le chœur contient la croisée, ce qui le rend très vaste, et il est séparé de la nef par un mur. Cette église est une des plus belles et une des plus grandes du Levant. Les murs étoient autrefois couverts de marbre, qui a été emporté par les Turcs. On voit encore de très belles peintures à la mosaïque, où sont représentées plusieurs histoires de la vie de Notre-Seigneur-Jésus-Christ, et quelques morceaux de marbre qu'on n'a pas pu ôter, qui font connaître l'ancienne beauté de cette sainte église.

C'est sous le chœur de ce temple saint qu'est cette

grotte si vénérable aux anges et aux hommes, où Jésus-Christ a bien voulu naître. On y descend des deux côtés par deux beaux escaliers de marbre, qui ont chacun douze ou treize marches. On quitte ses souliers par respect. Ce saint lieu remplit l'esprit de douceurs et de consolations si grandes, qu'il n'est pas possible de les exprimer. On croit encore y entendre le chant mélodieux des Anges.

Il n'y a point d'autre lumière que celle de plusieurs lampes d'argent qui y brûlent continuellement. Le plus dur de tous les hommes y seroit attendri ; on se sent saisi d'une sainte frayeur quand on considère l'extrême pauvreté dans laquelle un Dieu a bien voulu naître.

Cette sainte grotte, que saint Jérôme appelle un paradis, a cinq ou six toises de long sur deux de large. Le lieu où est né Notre-Seigneur est entre les deux escaliers, dans un petit enfoncement. Il est marqué par une pierre de porphyre ou de jaspe, environnée d'un cercle d'argent garni de pierres précieuses, fait en forme de soleil; au-dessus est une table de marbre qui sert d'autel, sur laquelle on dit la sainte messe, que j'ai eu l'honneur d'entendre deux ou trois fois. Il y a un tableau excellent qui représente parfaitement bien ce grand mystère.

A cinq ou six pas de ce lieu sacré est celui où étoit la crèche, dans laquelle la très sainte Vierge mit Notre-Seigneur, un peu après sa naissance. C'est là que celui qui nourrit tous les hommes, qui fait fondre la neige et la glace et qui modère le froid, ainsi que dit le Roi-Prophète, veut avoir besoin de l'haleine de deux animaux pour l'échauffer. Ce saint lieu est un peu enfoncé, et il faut descendre deux ou trois marches. Tout proche est l'endroit où cet adorable Sauveur fut circoncis et adoré des Mages. Il y a de très beaux tableaux qui représentent ces grands mystères, et qui fournissent à l'imagination de quoi faire de belles réflexions.

Dans les endroits où cette sainte grotte n'est pas tapissée, elle est revêtue de grandes pierres de marbre blanc ondé, et pavée de même ; on a été obligé d'en rompre quelques-unes pour ôter l'envie aux Turcs de les emporter.

Il y a une porte dans le fond, par où on va dans d'autres grottes. Il y a, dans la première, un autel dédié à saint Joseph. On croit, par une sainte tradition, que ce grand saint s'y retira par respect, quand il vit la très sainte Vierge quelques moments devant la naissance de Notre-Seigneur comme extasiée dans son oraison.

Dans la seconde, qui peut avoir douze ou treize pieds de long sur neuf ou dix de large, on voit comme une espèce de cave au travers d'une petite grille de fer, où on tient que plusieurs enfants furent massacrés ; leurs mères les y avoient cachés pour les tirer des mains des cruels exécuteurs des commandements d'Hérode. Ces malheureux, les ayant trouvés, exercèrent sur eux leur rage et leur fureur. Ils ne purent cependant leur ôter qu'une vie qu'ils auroient passée dans la peine et dans la misère, et ce coup leur en mérita une autre remplie de douceurs et de joies qui ne finiront jamais. Il y a un autel dédié à ces saints innocents.

On détourne sur la gauche, et on entre dans une allée assez étroite, où est le sépulcre de saint Eusèbe (1), au bout de laquelle est une troisième grotte, où sont les tombeaux de sainte Paule et de sainte Eustochie, sa fille, et celui de saint Jérôme. Ces grandes saintes, qui étoient des premières familles de Rome, méprisèrent les avantages que leur naissance et leurs richesses leur donnoient, pour passer leur vie dans ces lieux où étoit né celui en qui seul elles mettoient toute leur consolation et tout leur bonheur. Leurs grands biens ne servirent qu'à fonder des monastères et à soulager la misère des pauvres chrétiens. Elles se firent pauvres, afin d'imiter le Sauveur, qui, foulant aux pieds les richesses et les grandeurs du monde, a voulu naître dans la misère et dans la pauvreté.

Un peu plus avant sur la main droite, on trouve l'oratoire de saint Jérôme, lieu où il a passé une grande partie de sa vie, et où il a composé de si admirables écrits.

On retourne ensuite sur ses pas ; on passe devant le tombeau de saint Eusèbe, et on va prendre un petit escalier qui conduit en l'église de Sainte-Cathe-

(1) Eusèbe de Crémone, ami de saint Jérôme.

rine, où il y a les mêmes indulgences que sur la montagne de Sinaï (1). Cette église est assez belle; elle peut avoir huit ou dix toises de long sur quatre de large, sans comprendre le chœur des religieux, qui est derrière le grand autel où repose le Très Saint Sacrement. C'est dans cette église que les religieux font leur office. Tous les soirs après complies, ils vont en procession dans tous les sanctuaires dont je viens de parler, avec chacun une bougie allumée. On chante des hymnes et on dit des oraisons qui conviennent à chaque endroit, et le *Pater* et l'*Ave* pour gagner les indulgences.

Nous fûmes voir aussi les logements des Grecs et des Arméniens, qui sont assez grands et commodes, mais fort différents du nôtre, qui les passe de beaucoup.

A une portée de fusil du couvent, on trouve une grotte appelée la Grotte du Lait (2). Cette grotte est divisée présentement en trois ou quatre, et dans une, il y a un autel sur lequel on dit la messe. On tient par une sainte tradition que la Sainte-Vierge s'y

(1) Ce petit sanctuaire était très renommé et les pèlerins attachaient beaucoup d'importance à sa visite. A leur retour et pour marquer qu'ils s'étaient agenouillés dans ce sanctuaire, ils ajoutaient aux croix de Jérusalem, marque de leur pèlerinage en Terre-Sainte, une moitié de roue hérissée de pointes et traversée par une épée (souvenir du martyre de sainte Catherine).

(2) Sur cette curieuse tradition, et du reste sur tout ce qui concerne Bethléem, voir la *Description géographique, historique et archéologique de la Palestine*, etc., par M. V. Guérin. *Judée*, tome Ier, chapitre VI, pages 120 à 206, et notamment pages 187, 188. (Paris, Imprimerie Impériale, M DCCC LXVIII, 3 vol. in-4°.)

cacha un jour, et qu'en donnant à téter à Notre-Seigneur, il tomba quelques gouttes de son lait sacré, ce qui a donné la vertu à cette terre de donner du lait aux femmes qui n'en ont point, pour peu qu'elles en prennent dans quelques breuvages. On prétend que quelques-uns ont été guéris de fièvres et autres maladies après avoir pris de cette terre. On tire tous les ans de ces saintes Grottes une quantité de terre que l'on transporte jusque dans les pays étrangers les plus éloignés.

Le 6 d'août, je sortis du couvent de grand matin, après avoir entendu la sainte Messe, avec deux religieux, deux truchements, un Grec et un Turc, pour aller voir le Champ des Pasteurs. Nous ne le vîmes cependant qu'après avoir été à Fons Signatus, éloignée de Bethléem d'environ une lieue et demie, fontaine que Salomon fit faire autrefois pour les besoins du temple de Jérusalem, l'eau de laquelle y étoit conduite par des canaux.

Nous traversâmes Bethléem, et ensuite nous prîmes le long des montagnes par un chemin assez rude. La première chose qu'on me fit remarquer fut les ruines de Tecua (1), d'où étoit cette prudente femme dont il est parlé dans le second livre des

(1) Le vrai nom est *Thecoa* ou *Tekoah*. C'est une bourgade montagneuse dominant le désert de Judée et dont l'église renfermait, dit-on, le sépulcre du prophète Amos. Au VIe siècle, saint Sabas y fonda une laure assez célèbre, et le roi Foulques d'Anjou, au XIIe siècle, y construisit une tour de refuge. Techoa passait aussi pour le théâtre principal du massacre des Saints-Innocents.

Rois, de laquelle Joab se servit auprès de David pour le prier de rappeler son fils Absalon.

Nous passâmes peu de temps après proche Hortus Conclusus, ce jardin si aimé du roi Salomon. C'est peu de chose présentement ; il est entre de hautes montagnes et fort serré ; mais apparemment que le génie de ce grand prince avoit trouvé malgré la petitesse du terrain de quoi le rendre très agréablement beau. Nous arrivâmes ensuite aux trois citernes de ce même prince. C'est un très bel ouvrage ; elles peuvent contenir une grande quantité d'eau, et il y en avoit beaucoup lorsque nous l'avons vue. Cette eau étoit réservée pour le besoin, et pouvoit être conduite à Jérusalem par des canaux. Ces trois citernes ont été taillées en partie dans la roche, avec beaucoup de travail et de dépense, et au-dessous de la roche, il y a de bonne maçonnerie. Elles sont toutes les trois de suite, et en descendant, de manière que l'eau de la première, lorsqu'elle est trop pleine, tombe dans la seconde, et l'eau de la seconde tombe dans la troisième : la première, qui est plus grande de plus de quatre-vingts toises de longueur, quarante de largeur et cinq ou six de profondeur ; les deux autres sont un peu moins grandes.

On voit à côté de ces citernes une petite forteresse dont les murs paraissent bons et de défense. On dit qu'elle a été faite pour donner la chasse aux Arabes (1).

(1) Cette petite forteresse, appelée *Kala'at el-Bourak*, existe encore

Nous arrivâmes un moment après à Fons Signatus (1), qui est tout proche de ce lieu. On prétend que Salomon faisoit tant d'estime de l'eau de cette fontaine, que la porte pour y entrer étoit cachetée de son anneau. On y voit encore quelques bâtiments ruinés ; on y descend à présent assez difficilement, par une petite entrée presque bouchée par des pierres et des terres qui tombent d'en haut. On trouve là comme deux petites salles voûtées, et dans la plus intérieure, où on entre par une petite porte, on voit une eau claire comme du cristal sortir des fentes d'un rocher par trois ou quatre endroits différents, qui se rassemble dans un bassin de pierre de taille, et tombe ensuite dans des canaux qui vont jusqu'à Jérusalem, d'où il y a environ quatre lieues.

On dit que ces canaux ont plus de sept ou huit lieues de long, d'autant qu'on a été obligé de faire de longs circuits à cause des montagnes. Cet ouvrage est très curieux, d'autant qu'ils sont à découvert à certaines distances, pour donner la facilité aux voyageurs d'avoir de l'eau (2).

Après avoir fait la collation auprès d'un de ces

aujourd'hui et a pour garnison un poste de trois hommes. Sa construction ne remonte qu'au XVIe siècle, mais elle a probablement succédé à une forteresse antérieure.

(1) Appelée par les arabes *A'ïn Saleh*. C'est bien l'antique fontaine de Salomon destinée à alimenter d'eau Jérusalem et surtout l'enceinte du Temple.

(2) Tout ceci est parfaitement exact. (Voir Victor Guérin, *La Judée*, t. Ier, p. 236, 237.)

petits bassins, nous retournâmes en partie sur nos pas pour aller voir le Champ des Pasteurs. Nous passâmes par le village d'où étoient ces heureux bergers qui furent rendre leurs hommages au Sauveur du monde, un peu après qu'il fut né. Ce village n'est presque plus rien présentement (1).

On trouve, avant d'y entrer, un puits où on dit que la très sainte Vierge vint une fois pour y puiser de l'eau, et qu'ayant prié quelques personnes qui se trouvèrent là de lui prêter de quoi en puiser, non seulement ils lui refusèrent ce petit secours, mais ils y ajoutèrent encore des injures (2).

De là on descend dans le champ des Pasteurs, appelé ainsi parce que ce fut là où un Ange leur annonça l'agréable nouvelle de la naissance de notre divin Sauveur. C'est une grande plaine, bien fertile et remplie de quantité d'oliviers; nous fîmes nos prières dans une chapelle qui tombe en ruines. Un religieux y chanta l'évangile, qui commence par ces paroles : *Et pastores erant in regione eadem vigilantes.* On dit qu'il y avoit autrefois un monastère en ce lieu (3). Les Maures y ont beaucoup de vénération. Ils

(1) Le village actuel de *Beit-Sahour*.

(2) C'est la *citerne de Marie* à *Beit-Sahour* : d'après la tradition, l'eau serait montée d'elle-même à l'orifice de la citerne pour s'offrir à la Sainte-Vierge, et serait ensuite redescendue à son niveau habituel.

(3) C'est le *Deir er-R'ouat* ou couvent des *Pasteurs* élevé par sainte Hélène au-dessus de la grotte dans laquelle veillaient les bergers au moment où l'ange leur annonça la naissance du Messie. Mais cette

y apportent des pots, ou quelques morceaux, dans lesquels ils mettent du charbon et de l'encens dessus. On en voit aussi dans la Grotte du Lait, et dans quelques autres endroits. J'avois tant de joie que quelquefois je m'imaginois être avec ces bergers, qui, après avoir entendu la musique céleste, s'en allèrent joyeux et impatients de voir cet adorable enfant qui venoit de leur être annoncé. Il n'y a guère qu'une demi-lieue de ce lieu à Bethléem.

On me fit remarquer en retournant à Bethléem les ruines du monastère de sainte Paule (1). Ce lieu est fort solitaire; il étoit bâti sur une petite élévation. Après avoir côtoyé quelque temps une petite montagne très fertile, nous arrivâmes sans aucun danger au couvent, où nous nous reposâmes le reste de la journée.

identification, bien que consacrée par une tradition très répandue, parait constituer une erreur : d'après des découvertes récentes (1861), la grotte et le monastère des *Pasteurs* fondé par sainte Hélène doivent très probablement être reconnus dans le *Deir Seiar er-Rhanem*, situé sur une haute colline dans le désert de Judée, à deux kilomètres à l'est de Bethléem. (Victor Guérin, *Judée*, t. Ier, p. 212 à 223.)

(1) Cette ruine, située à un quart d'heure environ au nord de Bethléem, sur les pentes de l'*Oued el-Kharoubeh*, a bien dépendu du couvent de sainte Paule, dont elle pouvait constituer la ferme, mais le véritable couvent de sainte Paule, ou plutôt les trois couvents de femmes fondés par elle, étaient à Bethléem même, tout près de la basilique de la Nativité. (V. Guérin, *Judée*, t. Ier, p. 192, 193.)

XIII

VILLAGE, COUVENT ET DÉSERT DE SAINT JEAN

Le 7 août, le frère Maximin, trois truchements et moi, sortîmes de Bethléem de grand matin, après avoir entendu la sainte Messe à l'autel de la Nativité, pour aller au village de saint Jean.

Nous traversâmes pour une seconde fois à Bethléem, et après avoir passé le long d'une petite colline très fertile, nous entrâmes dans une vallée qui tient à celle de Raphaïm, appelée la vallée de Sennachérib, où un ange tua, en une nuit, cent quatre-vingt-cinq mille hommes de l'armée de ce superbe roi, pour le punir des blasphèmes que Rabacès, un de ses lieutenants-généraux, avoit proférés apparemment par son ordre contre le puissant Dieu d'Israël (1). Ce coup terrible obligea ce malheureux prince à s'enfuir dans son pays, où il fut poignardé peu de temps après par ses propres enfants.

Nous passâmes ensuite proche un petit village appelé Béticelle (2). On dit qu'il n'y peut habiter que

(1) Ceci est une pure légende, et le désastre de l'armée de Sennachérib eut lieu dans le Delta d'Égypte.

(2) C'est *Beit-Djala*, l'ancienne *Giloh*, gros villlage de trois mille habitants, tous de nationalité grecque, et qui renferme aujourd'hui un beau séminaire catholique fondé en 1858 par S. E. Mgr Valerga, alors Patriarche latin de Jérusalem.

des Chrétiens, et qu'il en coûte toujours la vie aux Turcs et aux Maures qui y veulent demeurer. Il est situé sur une colline très fertile et très agréable.

Nous descendîmes peu de temps après entre des montagnes où commence le torrent de Sorec, et suivant toujours la vallée, on nous montra, à environ cinq quarts de lieues de Bethléem, le lieu où les espions que les enfants d'Israël avoient envoyés pour examiner la terre promise cueillirent cette grappe de raisin pour leur montrer, par sa grosseur, la fertilité de la terre (1). Deux hommes la portoient sur leurs épaules, sur un levier auquel cette grappe de raisin étoit attachée. Quoique cette terre soit bien différente de ce qu'elle a été autrefois, il y croît encore de beaux raisins, ils sont gros et d'un bon goût.

Comme les habitants de Bethléem, du village de Saint-Philippe et de celui de Saint-Jean étoient en guerre les uns contre les autres, un de nos truchements, appréhendant les coups de bâton, nous quitta. Cela ne nous empêcha pas néanmoins d'aller voir la fontaine de Saint-Philippe, où cet heureux eunuque

(1) Turpetin suit ici l'itinéraire parcouru un siècle avant lui (1610) par le Père mineur observantin Boucher. (*Le bouquet sacré ou le voyage de la Terre-Sainte*, etc., par le R.-P. Boucher, mineur observantin. Dernière édition corrigée. A Rouen, 1735, in-12, p. 398 à 403.) Mais il ne nous a pas été possible d'identifier le torrent de *Sorec ;* et quant au lieu où fut cueilli le fameux raisin rapporté par les espions de Josué, c'est la vallée d'*Echkol*, probablement l'*Oued-Teffah*, à l'ouest-nord-ouest d'Hébron.

de la reine de Candace (1) fut baptisé par ce grand saint. On voit en ce lieu beaucoup de ruines ; on dit qu'il y avoit autrefois un beau monastère (2).

Cette fontaine sort comme d'une niche faite de pierre de taille, avec quelques ornements d'architecture ; l'eau tombe ensuite dans un grand bassin d'où elle se répand dans un petit réservoir, et de là dans la vallée. Cette fontaine jette beaucoup d'eau ; la vallée est remplie de gros oliviers, de jardins ; c'est un des plus beaux lieux que j'aie vus dans le Levant. Nous montâmes ensuite les montagnes de la Judée, qui seroient très fertiles si elles étoient cultivées, car on voit en beaucoup d'endroits des terrasses les unes sur les autres, ou des lieux propres à en faire, qui deviendroient très agréables et très abondants, si les habitants du pays vouloient se donner la peine d'y travailler. On peut dire que les terrasses et degrés qui restent encore à présent sont des ouvrages des anciens Juifs, et qu'une infinité d'autres se sont ruinés dans un si long espace de temps, faute de quelques petites réparations.

Nous découvrîmes, en descendant les montagnes, le village de Saint-Jean (3) et le couvent des Pères de la

(1) On sait que le mot *Candace* est généralement regardé aujourd'hui comme un nom commun signifiant *reine* en éthiopien.

(2) Il s'agit ici de la source appelée actuellement *A'in el-Hanieh* ou *Fontaine de l'Arcade*, mais la véritable fontaine de Saint-Philippe est la fontaine *A'ïn ed-Dirouch*, située près de l'ancienne *Beth-Tsour*, aujourd'hui *Khirbet Bordj-Sour*.

(3) C'est le village actuel de *A'ïn Karim*.

Terre-Sainte, où nous arrivâmes sur les neuf heures du matin.

Ce couvent est le mieux bâti de ceux du Levant, et d'une grande régularité. Il est composé de deux dortoirs bien voûtés ; le réfectoire et les chambres le sont aussi, tout y est propre. L'église est passablement grande, belle ; elle est presque toute pavée de marbre, et sous le dôme, il y a un compartiment de petites pierres de marbre qui sont rangées avec beaucoup d'agrément.

La chapelle qui est dans le lieu où est né saint Jean-Baptiste est magnifique ; le pavé est fait comme celui qui est sous le dôme. Il y a sept ou huit marches à descendre, qui en augmentent encore la beauté, car ces marches sont de marbre et ont bien près de neuf à dix pieds de longueur.

Le lieu de la naissance de ce grand saint, qui fit tant de bruit dans les montagnes de Judée, par rapport aux merveilles qui s'y passèrent, est dans un petit enfoncement où est représentée sur des pierres de marbre blanc en bas-relief la très sainte Vierge visitant sainte Élisabeth, et ce qui se passa à cette admirable naissance. Il y a cinq petites lampes d'argent qui y brûlent continuellement, et au-dessus de ce saint lieu, il y a une belle pierre de marbre qui sert d'autel, sur lequel on dit la sainte Messe. Tout cela est travaillé avec beaucoup de goût et d'art (1).

(1) Ce couvent, dont l'origine paraît remonter aux empereurs

On fait la procession tous les soirs après complies. On commence à l'autel où repose le très saint Sacrement, ensuite à la chapelle de la naissance de saint Jean ; on va après à une chapelle où est représentée la très sainte Vierge visitant sainte Élisabeth ; on retourne de là à la chapelle de Saint-Zacharie, où repose le très saint Sacrement ; on chante des hymnes et on dit des oraisons qui y conviennent, et tout le reste ainsi qu'il se pratique à Jérusalem et à Bethléem.

Le lieu où la Sainte-Vierge salua sainte Élisabeth est éloigné de Saint-Jean de cinq ou six cents pas. C'étoit une petite maison de campagne qui appartenoit à saint Zacharie, où sainte Élisabeth s'étoit retirée. Il y avoit autrefois un monastère, dont on voit encore beaucoup de ruines. Nous vînmes le soir visiter ce saint lieu ; nous entrâmes en la petite chapelle que l'on tient avoir été bâtie dans le même endroit où la Sainte-Vierge salua sainte Élisabeth, où nous chantâmes le *Magnificat*. Un Père y dit le *Pater* et l'*Ave Maria* pour gagner l'Indulgence.

On ressent en ce lieu beaucoup de joie ; aussi est-ce un lieu de consolation. La Sainte-Vierge y apporta en y entrant toutes sortes de bénédictions : sainte Élisabeth y fut remplie du Saint-Esprit, son saint

chrétiens de Constantinople, antérieurement à l'invasion des Arabes, était encore florissant en 1320. Abandonné aux XVe et XVIe siècles, il fut, après bien des péripéties, définitivement occupé par les Franciscains à la fin du XVIIe siècle, grâce à la protection de la France représentée par son ambassadeur, le marquis de Nointel.

enfant tressaillit de joie dans son ventre; la Sainte-Vierge y en ressentit aussi une bien grande, le saint cantique qu'elle y chanta en est un témoignage bien certain.

Il reste encore dans ce saint lieu une citerne, dont l'eau est très bonne, et il y a un petit enclos d'arbres qui appartient aux Pères.

Le lendemain 8 août, trois religieux, deux truchements et moi, nous levâmes de grand matin pour aller au désert de saint Jean; un de nos truchements conduisoit un petit âne, qui portoit des ornements pour célébrer la Sainte Messe, et quelques petites provisions. On ne voit en y allant que de hautes montagnes et le chemin est très rude.

Nous arrivâmes d'assez bonne heure dans le lieu où ce grand saint a fait une si austère pénitence. C'est une grotte dans le milieu d'une montagne, à laquelle on ne monte qu'avec peine; elle a 8 ou 9 pas de longueur sur 4 ou 5 de largeur, et dans le fond il y a une espèce de siège tout au travers de cette grotte, de la roche même, qui servoit de lit à saint Jean et qui, présentement, sert d'autel sur lequel on dit la Sainte Messe. Il y a excommunication contre ceux qui rompraient de cette pierre.

Après que nous eûmes entendu la Sainte Messe, qui fut dite dans cette sainte caverne par un religieux de notre compagnie, nous montâmes un peu plus haut, au-dessus de cette sainte grotte, où on dit qu'il y avoit un monastère. On voit en ce lieu une très belle fontaine, qui sort d'une fente du rocher et qui entre dans un petit réservoir d'où elle descend ensuite en bas ; on l'appelle la fontaine de Saint-Jean-Baptiste, parce que c'étoit là sans doute où il buvoit, c'est ce qui nous porta à en boire avec plus de plaisir et à déjeûner sur le bord. Nous montâmes encore un peu plus haut pour aller voir un caroubier dont le fruit, à ce que l'on prétend, servoit quelquefois de nourriture à ce grand saint. Ce fruit est doux et ressemble à nos haricots, je veux dire ces sortes de pois chiches que l'on mange en vert et avec l'écorce. Ce lieu est très dévot et très solitaire, on a peine à le quitter ; la vue même en est très agréable : on y voit quantité d'arbres, tous rangés sur des terrasses et des degrés faits sur le penchant des montagnes, qui forment un aspect charmant.

En retournant au couvent, on nous montra le lieu où saint Jean commença à prêcher la pénitence. L'exemple de sa vie pénitente attiroit quantité de personnes dans le désert, et chacun s'empressoit de voir ce nouveau prophète.

Nous fûmes voir aussi le tombeau de sainte Élisabeth, où il y avoit autrefois un monastère, qui, présentement, est tout ruiné. On dit dans tous ces saints lieux le *Pater* et l'*Ave* pour gagner les indulgences.

Après avoir passé plusieurs petites montagnes, nous entrâmes dans un chemin assez beau, nous passâmes assez proche de la maison de sainte Élisabeth, dont j'ai déjà parlé ; elle est proche une fontaine qui jette une grande quantité d'eau et qui en fournit à tout le village ; on l'appelle encore la Fontaine de la Sainte-Vierge (1), peut-être parce que la Sainte-Vierge y a souvent puisé de l'eau, et enfin nous nous rendîmes au couvent sans avoir trouvé aucune mauvaise rencontre.

Le village de Saint-Jean est peu de chose (2) ; les maisons y sont très basses et en petit nombre. Ce que je trouve de meilleur est que, ces personnes se contentant du nécessaire et menant une vie frugale, ils en ont toujours de reste.

XIV

COUVENT DE SAINTE-CROIX ET RETOUR A JÉRUSALEM

Le 9 août, veille de Saint-Laurent, nous retournâmes à Jérusalem par des chemins très rudes. Nous entrâmes en passant au monastère de Sainte-Croix, servi par des Grecs.

(1) C'est la fontaine appelée aujourd'hui par les Musulmans : *A'ïn Karim*, et par les Chrétiens : *A'ïn el-A' dra*.

(2) Ce village, appelé par les Arabes *A'ïn Karim*, et situé sur un petit plateau incliné, au bas d'une montagne et au-dessus d'une riante vallée, peut renfermer un millier d'habitants, parmi lesquels deux cent cinquante à peine sont catholiques ; les autres sont musulmans.

BIBLIOTHÈQUE ... B.N.

Ce couvent est environné de hautes murailles; la porte pour y entrer est très petite, couverte de lames de fer. Nous fûmes très longtemps à frapper; enfin il vint un homme qui, après avoir regardé par une petite fenêtre qui est presque au haut des murailles, voyant qui nous étions, descendit et nous fit entrer. Je crois qu'ils prennent toutes ces précautions à cause des Arabes. Ce lieu paroit très fort; l'église est belle, assez grande, où il y a un très beau dôme enrichi de peintures, ainsi que dans tout le reste de l'église; on y voit sous un autel l'endroit où fut coupé le bois qui servit à faire la croix de Notre-Seigneur Jésus-Christ (1). Il y a en ce lieu une petite croix où on prétend qu'il y a dedans un morceau de ce bois sacré; il y a une lampe qui y brûle continuellement.

Arrivant près Jérusalem, on nous montra le lieu où Salomon fut proclamé Roy au son des trompettes et de toutes sortes d'instruments, suivi d'une grande quantité de personnes, suivant le commandement que le prophète Nathan en avoit reçu du roy David. Nous passâmes proche le cimetière des Turcs et peu de temps après nous entrâmes à Jérusalem.

(1) L'origine de ce beau monastère est incertaine : on ne sait si la fondation en doit être attribuée à *sainte Helène*, à *Tatian*, roi des Géorgiens, à *Justinien*, ou à *Héraclius*. Toutefois, un texte de l'historien Procope (*De Ædificiis*, l. V, c. IX) en fait formellement honneur à *Justinien*. L'église de ce couvent est ornée de curieuses mosaïques et peintures représentant les Apôtres, l'empereur Constantin, sainte Hélène, plusieurs rois Géorgiens et quelques patriarches de Jérusalem.

Le 13 août, je fus visiter la maison de saint Marc, où j'ai eu l'honneur d'entrer deux fois; c'est à présent une église desservie par les Syriens (1); elle est petite, obscure et pauvrement ornée.

Nous passâmes ensuite par la porte de fer, que saint Pierre, délivré des prisons, trouva ouverte, et, peu de temps après, par devant la maison de Zébédée, où nous entrâmes. Elle a été aussi changée en église, possédée par les Grecs (2); elle est de moyenne grandeur et ornée assez simplement. On ne sait pas bien pourquoi on l'appelle la maison de Zébédée, car on ne voit pas qu'il ait demeuré à Jérusalem.

Continuant notre chemin jusqu'à une grande voûte qui est dans la même rue, à main droite, nous y entrâmes; et, à quelque trente pas, on trouve une petite porte par laquelle on descend dix ou douze marches dans la place qui est devant l'église du Saint-Sépulcre.

Cette place peut avoir 7 à 8 toises de long sur environ 6 de large; elle est pavée de belles pierres de taille. On voit sur la gauche une tour carrée fort belle, qui servoit de clocher à l'église du Saint-Sépulcre, où on trouve sur la droite un couvent qui appartient aux Grecs. Les chrétiens ne manquent guère, toutes les fois qu'ils viennent dans cette place,

(1) Dans le quartier méridional de la ville. En 1632, elle appartenait aux Nestoriens.

(2) Ou plutôt par les Géorgiens.

d'aller faire leur prière devant la porte de l'église du Saint-Sépulcre, où on trouve presque toujours du monde. On voit par le trou de la porte la pierre de l'Onction, comme si on étoit dedans.

Comme ce couvent des Grecs renferme une partie de la montagne du Calvaire, et entre autres le lieu où Abraham étoit prêt à sacrifier son fils Isaac, nous y montâmes un jour pour le voir. Après que nous eûmes monté plusieurs marches, on nous montra un olivier qui est au même lieu où le mouton qui servit au sacrifice étoit embarrassé par les cornes. A dix ou douze pas plus avant, on voit l'endroit où ce grand Patriarche, préférant le commandement de son Dieu à toute la tendresse qu'il avoit pour son cher fils Isaac, étoit près de l'immoler (1). Il y a présentement une chapelle fort jolie, enrichie de belles peintures.

XV

VALLÉE DE JOSAPHAT ET TOMBEAU DE LA Ste-VIERGE

Voici des lieux que j'ai visités à différents jours :

La grotte où on prétend que le prophète Jérémie a demeuré quelque temps, et où il a composé ses

(1) Tradition erronée : le sacrifice d'Abraham eut pour théâtre le mont Moriah, plus tard emplacement du Temple de Salomon.

Lamentations sur le désastre et la ruine de Jérusalem, est curieuse par rapport à sa grandeur ; il y a devant un petit jardin, et ce lieu est fort solitaire et agréable.

Le Sépulcre des Rois (1) est un ouvrage de conséquence. On descend d'abord dans un jardin taillé dans le roc, de 8 à 10 toises de long et autant de large ; on y entre par une arcade demi-bouchée taillée dans ce même roc. Détournant ensuite sur la gauche, on trouve une manière de porche de 3 ou 4 toises de long et environ une et demie de large, taillé et couvert de la même roche avec quelques ornements d'architecture et bas-reliefs qui font le frontispice de ces cavernes royales. De là il faut descendre quelques marches et passer par une entrée fort basse, d'où on entre dans une salle qui a de petites portes à côtés par où on entre dans deux autres toutes pareilles, le tout taillé dans le roc avec beaucoup de propreté. Autour de ces salles, on voit de petits cabinets où on mettoit les corps ; il y en a quelques-uns où on voit encore des tombeaux. Mais les portes, qui sont de pierre avec des vertuvelles et pivots, étonnent ceux qui les considèrent de près ; on ne sait pas bien comment on les a pu si bien placer qu'elles se ferment comme les portes ordinaires ; plusieurs croient qu'elles sont de la même roche. Enfin on m'a dit que cela surprenoit les plus habiles archi-

(1) C'est la magnifique excavation actuellement connue sous le nom de *Qobour-el-molouk*.

tectes. Il n'y en a plus qu'une en sa place, les autres sont tombées. Ce lieu ne reçoit point d'autre lumière que celle que l'on y porte.

Quoique je sois passé plusieurs fois dans la vallée de Josaphat, je n'ai pas encore eu occasion d'en parler. Voici à peu près ce qu'elle est aujourd'hui, cette célèbre vallée, entre les montagnes de Sion et de Morica (1), sur lesquelles la ville de Jérusalem est bâtie et celles des Oliviers et de l'Offension. Elle sert d'un côté de fossés à la ville ; elle est encore très profonde, quoiqu'elle ait été rehaussée en quelques endroits, et le grand nombre d'oliviers qu'on y voit la rendent très agréable ; elle peut avoir une petite lieue de longueur. On dit que c'est en ce lieu que se fera le Jugement dernier et universel, jour terrible pour les réprouvés.

Je parlerai dans la suite du sépulcre de la très sainte Vierge, qui est dans cette vallée, où on va dire la sainte Messe tous les jours et toutes les fois que l'on y passe, ainsi que dans la sainte Grotte, où Notre-Seigneur a sué sang et eau dans le jardin des Olives et dans l'endroit où cet adorable Sauveur tomba sur le bord du torrent de Cédron. On gagne les indulgences en disant dévotement le *Pater* et l'*Ave Maria,* ainsi que dans tous les lieux saints ; on gagne même les indulgences quand, lorsqu'on ne peut sortir, on monte sur la terrasse de l'église de

(1) Moriah.

Saint-Sauveur et que de là, voyant une grande partie de ces saints lieux, on les salue en disant le *Pater* et l'*Ave*.

On voit, proche le saint lieu où Notre-Seigneur tomba sur le torrent de Cédron, le sépulcre du roi Manassès ou de Josaphat, celui d'Absalon, celui de saint Zacharie, fils de Barachie, qui fut tué par les Juifs dans le Temple même, et la grotte où saint Jacques se cacha pendant que Notre-Seigneur étoit en croix (1).

Le tombeau du roi Josaphat est taillé dans le roc; son entrée est assez belle, avec quelques ornements d'architecture que l'on voit encore; mais je ne suis point entré dedans.

Les tombeaux de saint Zacharie et d'Absalon sont faits du roc même, ornés de plusieurs colonnes de même pierre, avec leurs corniches, frises, chapiteaux et autres ornements d'architecture, éloignées de cinq ou six pas d'où elles ont été coupées ; ainsi je les crois toutes d'une pièce, ce qui en fait la beauté; elles sont carrées et leur couverture s'élève en pointe comme une pyramide.

Le tombeau de saint Zacharie est plus bas dans la vallée que celui d'Absalon, il en est même un peu éloigné; c'est là que la vallée de Josaphat change de

(1) Sur les tombeaux de la vallée de Josaphat, voir le très intéressant ouvrage de M. Victor Guérin, intitulé : *La Terre-Sainte, son histoire, ses souvenirs, ses sites, ses monuments* (Paris, Plon, 1882-1883, 2 vol. in-fol.), tome Ier, p. 20 à 22; 65 à 73, etc.

nom et prend celui de vallée de Siloé, à cause du village et de la fontaine : ce village ne consiste presque qu'en des cavernes taillées dans le roc, où les habitants se retirent avec leur bétail. Je ne l'ai vu qu'en passant.

On trouve de l'autre côté de la vallée une fontaine qu'on appelle encore présentement la Fontaine de la Sainte-Vierge; il faut descendre beaucoup de degrés pour y arriver. Elle est fort étroite, mais on découvre facilement qu'elle avance fort dans le rocher; on prétend même qu'elle a communication avec celle de Siloé, quoiqu'elle en soit assez éloignée. Les Chrétiens y ont beaucoup de dévotion, même les Turcs, parce qu'on tient que la Sainte-Vierge y est venue quelquefois puiser de l'eau.

Nous fûmes voir ensuite la fontaine de Siloé; nous ne pûmes considérer la source à cause qu'il y avoit deux Turcs qui s'y lavoient; nous nous arrêtâmes seulement proche un grand réservoir bâti de bonne maçonnerie qui reçoit en partie l'eau de cette fontaine, d'où elle se répand ensuite dans la vallée, où il y a de beaux arbres et des jardins.

A quelques cents pas de cette fontaine, on voit le lieu où le prophète Isaïe fut scié par le milieu, par le commandement du roi Manassès. Il y a un mûrier en cet endroit, où on dit qu'il a été enterré. Les Turcs y ont beaucoup de vénération. La vallée change encore de nom un peu plus bas, on l'appelle la vallée de Gehennon et de Tophet, où les Juifs immoloient leurs enfants à Moloc. Le Seigneur s'en plaint dans les psaumes : *Et immolaverunt filios suos et filias suas Demoniis*. On dit que cette vallée étoit extrêmement agréable autrefois.

On voit à l'extrémité de cette vallée un puits appelé le Puits de Néhémie ; il est très vaste. On diroit d'une profonde caverne ; on y voit comme une voûte de pierres de taille, et le tout est travaillé d'une manière assez particulière, mais bien solide.

Ce fut là où les prêtres des enfants d'Israël cachèrent le feu saint dans le temps qu'ils furent menés en captivité, parce que ce puits étoit extrêmement creux et qu'il n'y avoit point d'eau alors. Néhémie, ayant obtenu du roi Artaxercès la permission de relever les murs de Jérusalem et de rebâtir le Temple (car tout avoit été détruit par Nabuchodonosor), y employa toute la diligence possible. Ayant achevé ces grands ouvrages, malgré la résistance des peuples voisins, voulant faire la dédicace du Temple et de l'autel, et offrir le sacrifice, il fit venir les petits enfants de ces prêtres qui avoient caché le feu saint, qui le conduisirent à ce puits ; ils n'y trouvèrent plus de feu, mais seulement une eau épaisse et bourbeuse. Ce grand homme, rempli d'une sainte confiance, fit prendre de cette eau et la fit répandre sur le sacrifice ; cette eau, par un miracle insigne, s'embrasa par un rayon de soleil et consomma les sacrifices. Les Turcs y ont bâti une mosquée, où il y a devant un bassin de maçonnerie dans lequel ils mettent de l'eau pour se laver.

Après avoir examiné ce pays pendant quelque temps, nous reprîmes le chemin par où nous étions, et ensuite, approchant de Jérusalem, nous retournâmes sur la droite, et, montant une petite montagne, nous arrivâmes au Champ d'Aceldama, où on enterre beaucoup de personnes : c'est ce champ qui fut acheté des trente deniers que Judas avoit reçus pour le prix de sa trahison et qu'il jeta ensuite dans le Temple. Comme ce champ étoit profond par rapport aux terres qu'on en avoit ôtées pour faire des pots, ou plutôt qu'on a ôtées dans la suite pour mettre dans des cimetières, on y a fait une espèce de bâtiment voûté, de manière qu'en suivant le chemin de la montagne on se trouve sur la terrasse, où il y a une petite fenêtre par laquelle on descend les corps.

Il y a assez proche de ce lieu une grotte où on dit que plusieurs des Apôtres se cachèrent pendant la Passion de Notre-Seigneur. Ce lieu est passablement grand ; on y voit encore quelques restes de peinture. Dans tous ces lieux, on dit le *Pater* et l'*Ave* pour gagner les indulgences.

Les dehors de Jérusalem sont fort agréables par rapport à toutes les vallées et à toutes les petites montagnes que l'on y voit, qui sont presque toutes couvertes de beaux oliviers. Les rochers mêmes y donnent de l'agrément, par rapport à leur diversité.

On rencontre dans toutes ces montagnes beaucoup de grottes, qui servoient de tombeaux aux anciens; de grosses roches, qui rendent les lieux fort solitaires, mais qui, pour la plus grande partie, plaisent fort.

Le 14 d'août, j'eus l'honneur de visiter encore les sanctuaires qui sont dans l'église du Saint-Sépulcre, à la faveur d'une ouverture qui se fit; les portes restèrent plus d'une heure ouvertes.

Après dîner, presque tous les religieux furent à l'église du Saint-Sépulcre de la très sainte Vierge pour y chanter les premières vêpres.

Cette sainte église est dans la vallée de Josaphat. Après avoir descendu cinq ou six marches, on entre dans une petite cour et ensuite dans l'église, où il faut descendre plus de quarante degrés, mais par un escalier très beau; les marches ont bien 18 ou 20 pieds de longueur et sont fort larges. Cette sainte église est bâtie en forme de croix, de belles pierres de taille; voûtée de même, elle est presque tout enfoncée en terre. On dit qu'autrefois le torrent de Cédron passait par-dessus.

Au milieu de l'escalier, sur la gauche en descendant, on voit une petite chapelle où il y a le tombeau de saint Joseph, sur lequel on dit la sainte Messe; ce grand saint eut le bonheur de mourir entre les bras de Notre-Seigneur Jésus-Christ, en présence de la très sainte Vierge. Il y a un tableau dans l'église de Saint-Sauveur qui représente parfaitement bien cette heureuse mort ; on ne peut en considérant s'empêcher de s'écrier avec Balaam : « Q mon âme meure de la mort des justes, et que mort soit semblable à la leur ! » De l'autre côté l'escalier sont les sépulcres de saint Joachim et sainte Anne, sur lesquels on dit la sainte Messe (1

Il n'entre point de lumière dans l'église que p l'escalier, mais le grand nombre de cierges qu'on allume quand on fait l'office supplée au défaut. tombeau de la très sainte Vierge est un peu pl avant que le milieu de l'église, sur la droite entrant ; il est revêtu de marbre blanc. J'ai eu l'ho neur d'y entendre la Messe plusieurs fois. Ce vén rable lieu est comme une chapelle d'environ 6 pi en carré taillée dans la roche. Il y a deux po d'environ 3 pieds de hauteur sur 2 1/2 de largeur plusieurs lampes.

Les Grecs, les Arméniens et quelques autres n tions ont des chapelles dans ce saint lieu ; les Tu mêmes y ont une dévotion particulière ; ils y vi

(1) Il ne serait pas impossible que le tombeau de saint Joachim de sainte Anne ne fût en réalité que celui de la reine *Mélissende Jérusalem*, morte en 1161 et ensevelie dans cette église. (Vogüé, *Églises de la Terre-Sainte*, p. 310, 311.) La reine *Botild*, fe d'Érik Ier, le Bon, roi de Danemark, y fut également ensev (Cte Riant, *Expéditions et pèlerinages des Scandinaves en Terre-Sai* p. 88, 162.) Sous le porche et aux alentours immédiats de ce vé sanctuaire se trouvaient les tombes de deux chevaliers croisés : *H de Gray*, cousin de Godefroid de Bouillon, et *Arnulphe d'Oudena* morts l'un en 1100, l'autre en 1107.

nt faire leur prière et y ont plus de respect et de vérence que beaucoup de Chrétiens n'en auroient. On trouve, assez proche de l'escalier, sur la uche, une citerne où il y a de très bonne eau.

XVI

MONT DES OLIVIERS

Après les vêpres, je fus visiter pour la dernière is la montagne des Oliviers, et auparavant j'allai 're ma prière dans la grotte où Notre-Seigneur a : sang et eau au jardin des Olives, à l'endroit où t adorable Sauveur fut pris, et à quelques autres ux saints; ensuite je montai la montagne.

On trouve d'abord une roche, où on dit que saint iomas vit la très sainte Vierge, que les Anges enle-ient au Ciel, et qu'elle lui laissa tomber sa cein-re.

A huit ou dix pas plus haut, il y a une pierre ns le milieu du chemin, où on dit que la très 'nte Vierge s'est souvent assise allant visiter les ux que son très cher Fils avoit sanctifiés. On dit 'elle y étoit dans le temps que les Juifs martyri-ient saint Étienne, et qu'elle pria pour lui ; elle le uvoit voir facilement, car il n'y a entre ce lieu et celui où ce grand saint fut lapidé que la vallée de Josaphat.

Cette montagne des Oliviers est très fertile ; il y a des vignes, beaucoup d'oliviers, de figuiers.

On rencontre, quand on en a monté environ la moitié, le lieu où Notre-Seigneur, jetant les yeux sur Jérusalem, pleura sur elle, en disant : « Oh ! si tu connoissois, en ce jour qui t'est donné, les choses qui te regardent, mais maintenant elles sont cachées à tes yeux ! » La vue de Jérusalem et des environs, que l'on voit parfaitement, est des plus belles et des plus agréables.

On trouve un peu plus haut le lieu où l'on croit que les Apôtres ont composé le Symbole : c'est un souterrain assez bien voûté, où il y a douze arcades qui soutiennent la voûte. On a assez de peine à y descendre.

A quelque trente pas plus haut, on voit l'endroit où Notre-Seigneur enseigna à ses Apôtres le *Pater* (1), et assez proche, sur la gauche, est l'endroit où ils lui demandèrent quand arriveroit le jour du Jugement et quels signes le précéderoient. Il y a des ruines presque dans tous ces saints lieux, ce qui fait croire qu'il y a eu des chapelles.

Nous rencontrâmes ensuite la Grotte de Sainte-Pélagie ; cette sainte avoit mené avant sa conversion

(1) Aujourd'hui couvent de Carmélites, fondé par Mme la princesse de La Tour-d'Auvergne.

une vie très débordée (1), mais ayant été convertie par la prédication d'un saint Évêque (2), elle s'habilla en homme, fut en un monastère, où elle fut reçue après de longues preuves, et passa enfin sa vie dans ce saint lieu, dans la plus austère pénitence et une grande sagesse.

Il y avoit autrefois, sur le haut de la montagne, une très belle église, dont on ne voit plus que la base de quelques piliers; il reste seulement la sainte chapelle, qui étoit, je crois, dans le milieu de la grande église. Nous quittâmes nos souliers pour y entrer et nous y adorâmes le sacré vestige du pied de Notre-Seigneur, qui s'imprima dans la roche lorsqu'il monta triomphant dans le Ciel.

On dit que la marque des deux pieds y étoit, mais que les Turcs en ont ôté un, qu'ils ont mis dans le Temple de Salomon; cette chapelle est octogone, bâtie de pierres de taille et couverte d'un petit dôme; elle peut avoir douze ou quinze pieds de diamètre.

Je me souviens d'avoir lu qu'un gentilhomme, après avoir visité tous les lieux saints, vint ensuite

(1) Première danseuse du théâtre d'Antioche (*prima choreutriarum pantomimarum Antiochiæ*), surnommée *la Perle*, à cause de son éclatante beauté et de ses bijoux.

(2) Voir, sur ce sujet, les admirables pages de Montalembert : *Les Moines d'Occident* (t. Ier, pages 83, 84). On sait que la science allemande, qui ne respecte rien, a récemment mis en doute la charmante histoire de sainte Pélagie.

dans cette sainte chapelle et que là, transporté d'amour pour son divin Libérateur, il fit sa prière à peu près en ces termes : « Mon aimable Sauveur, je vous ai suivi par tous les endroits où vous avez marché tant que vous avez été sur la terre ; dans ces lieux où vous avez tant enduré pour l'amour de nous, que ne m'est-il permis maintenant de vous suivre dans le Ciel pour avoir l'honneur de vous voir ! » Il dit cela avec tant de zèle et d'amour qu'il expira sur-le-champ (1). Véritablement on ressent une sainte tristesse de ne pouvoir pas suivre cet adorable Sauveur ; on souhaiteroit de voir le séjour immortel, mais il faut combattre auparavant, il faut vaincre les vices ; le Royaume du Ciel se prend par force.

Le lieu appelé *Viri Galilæi* est à quelque quatre ou cinq cents pas de la chapelle de l'Ascension. Je crois que l'on pourroit penser que les Apôtres, péné-

(1) Ne serait-ce point là une réminiscence altérée du pèlerinage en Terre-Sainte et de la pieuse mort de deux croisés Danois : l'amiral *Eskill Sveinsson* et son frère *Svein Sveinsson*, évêque de Viborg, qui, arrivés en Palestine en 1152, visitèrent successivement tous les sanctuaires, et, parvenus à la chapelle du *Pater noster* sur le mont des Oliviers, demandèrent ardemment à Dieu de les rappeler auprès de lui ? Ils moururent à quelques instants d'intervalle, et furent ensevelis l'un auprès de l'autre dans cette même chapelle reconstruite du prix des aumônes laissées par eux dans ce but. (Cte Riant, *Expéditions et pèlerinages des Scandinaves en Terre Sainte*, p. 227 à 229.) — Qu'il nous soit permis d'exprimer ici la très vive peine que nous cause la mort prématurée de l'admirable savant dont nous venons de citer l'un des principaux ouvrages : *M. le comte Paul Riant*, fondateur de la *Société de l'Orient latin*. Cette mort est une perte immense pour tous les amis de la Terre-Sainte et de la véritable science historique.

très de l'absence de leur divin Maître, ne pouvant quitter qu'avec peine cette sainte montagne, s'arrêtèrent encore en cet endroit, et, regardant le lieu où une nuée l'avoit dérobé à leurs yeux, deux Anges se présentèrent à eux et les firent passer de cet amour charnel et terrestre à des sentiments de foi, en ne leur donnant plus lieu d'espérer d'autre retour visible de Jésus-Christ dans ce monde que celui de son dernier avènement.

On voit assez facilement de ce lieu la mer Morte, le Jourdain et les montagnes de l'Arabie.

Il faut retourner sur ses pas pour aller voir le sépulcre des Prophètes ; on y entre par deux petites entrées fort basses. On voit ensuite des voûtes d'une grande étendue, où il y a un très grand nombre de petites fosses : le tout taillé dans le roc. Il faut bien prendre garde que les lumières que l'on y porte ne s'éteignent, car on auroit assez de peine à en sortir. Après y avoir demeuré quelque temps, je repassai dans le jardin des Olives, où je m'arrêtai en attendant la procession.

Outre les Chrétiens de Jérusalem, il en arriva plusieurs de Bethléem afin de solenniser la fête de la glorieuse Assomption de la Sainte-Vierge ; les Pères les nourrissent tous. On apporte beaucoup de pain, car on en donne non seulement à tous les Chrétiens, mais encore à tous ceux qui en viennent demander. Il y avoit quelques Janissaires qui gardoient la porte, crainte de tumulte.

On fit la procession sur les six heures du soir; on chanta les litanies de la Très-Sainte-Vierge, un hymne en son honneur; on chanta aussi quelques antiennes devant les tombeaux de saint Joseph, de saint Joachim et de sainte Anne. La procession étant finie, chacun fit la collation, car on passe la nuit dans ce sacré lieu.

Il y avoit sur la chapelle du sépulcre de la Très-Sainte-Vierge une grande quantité de cierges blancs, avec des bouquets de verdure, tout cela rangé en pyramide et en perspective, avec beaucoup d'ordre. Au haut de la pyramide, il y avoit un très beau tableau qui représentoit cette Reine des Anges et des hommes, environnée des Esprits célestes qui l'enlevoient dans le Ciel; cela excitoit fort la dévotion et donnoit une grande clarté dans l'église.

Après qu'on eut chanté matines, tous les religieux dirent leurs messes; ensuite on chanta la grand'-messe, les litanies de la Très-Sainte-Vierge, des hymnes en son honneur; tout cela se fit avec beaucoup de dévotion. Tout le service étant achevé, on s'en retourna au couvent de Saint-Sauveur; il étoit environ cinq heures du matin.

Je passai par l'endroit où les Juifs lapidèrent saint Étienne; on voit encore la marque de son corps où il tomba qui est restée imprimée sur la roche (1), et,

(1) Ceci est une erreur : le martyre de saint Étienne eut lieu à quelque distance de la porte de Damas, sur un rocher au-dessus

montant du côté de la porte dorée, j'arrivai dans la ville par la porte de Saint-Étienne. Je passai ensuite par-devant le palais de Pilate, par-dessous l'arcade de l'*Ecce Homo* et autres saints lieux dont j'ai déjà parlé, et j'arrivai au couvent, où je restai toute la journée.

J'allois quelquefois sur la terrasse du couvent, et de là je découvrois beaucoup de saints lieux, toute la ville et une grande partie de la beauté des environs, ce qui me faisoit beaucoup de plaisir. Le Temple de Salomon (1), que l'on considère fort bien de cette terrasse, est un bel ouvrage; il est octogone, environné d'une petite galerie par en haut, fort bien travaillée ; on y découvre plusieurs fenêtres. La terrasse est un peu en pente, dans le milieu de laquelle est un beau dôme couvert de plomb ainsi que la terrasse. Je crois que tout le corps du bâtiment est couvert de pierres transparentes, tant il a d'éclat et de beauté; mais je ne peux pas croire qu'il soit si grand qu'on le dit, car véritablement il ne paroît pas ; il ne paroît pas même fort élevé. Il est dans le

duquel l'impératrice *Eudocie*, femme de l'empereur *Théodose II*, fit, au Ve siècle, construire une superbe basilique où elle fut ensevelie, ainsi que sa petite-fille *Eudoxie*, reine des Vandales. L'emplacement de cette basilique appartient actuellement aux RR. PP. Dominicains, qui déjà y ont fait de précieuses découvertes archéologiques.

(1) Notre pèlerin désigne sous ce nom la belle mosquée, élevée de 688 à 691, par le calife *Abd-el-Mélik-Ibn-Merouan*, au-dessus de la fameuse roche de la *Sakhrah*, sur une partie de l'emplacement de l'ancien Temple de Jérusalem.

milieu d'une grande place qu'on dit être pavée de marbre blanc.

Le temple de la Présentation de la Très-Sainte-Vierge (1), que les Turcs nous ont ôté, étoit aussi très magnifique, grand; le dôme et tout le reste de l'édifice est couvert de plomb. On l'appelle ainsi parce qu'on croit qu'il a été bâti dans le lieu où étoient ces bonnes veuves qui demeuroient proche le Temple, et qui enseignoient les jeunes filles; c'est là où on tient que la Très-Sainte-Vierge fut présentée par ses parents et y demeura jusqu'à ce qu'elle fût mariée à saint Joseph.

Les Turcs nous ont encore ôté (2) le couvent et l'église de la montagne de Sion, qui étoient de très beaux bâtiments; le dôme de l'église est aussi couvert de plomb. L'église est bâtie dans l'endroit où étoit autrefois le saint Cénacle, lieu où Notre-Seigneur Jésus-Christ a institué le très saint sacrement de l'Eucharistie et où le Saint-Esprit descendit autrefois sur les Apôtres. Il nous est défendu très étroitement d'entrer dans ces trois lieux, ainsi que dans les autres mosquées; quand on est obligé de passer proche, il faut passer vite et sans regarder.

(1) C'est la basilique de la *Présentation*, fondée au VIe siècle par l'empereur *Justinien*. Epargnée par les Perses en 610, transformée en mosquée par les Arabes, en palais par les rois Latins, en monastère par les Templiers, et redevenue mosquée après la prise de Jérusalem par Saladin, le 2 octobre 1187, elle constitue aujourd'hui la mosquée appelée *Djami-el-Aksa*.

(2) En 1561.

XVII

MŒURS ET EXACTIONS DES TURCS

Je ne dirai rien des mœurs et de la religion des Turcs, je n'en pourrois guère parler que sur des témoignages qui pourroient être assez incertains : ce que je sais de plus positif est qu'ils mènent une vie très frugale, que les principaux mêmes d'entre eux se contentent de très peu de chose. Comme les Turcs ne travaillent guère et que leur principale occupation est de fumer, aussi ont-ils peu de richesses ; leurs maisons sont simplement bâties, principalement à la campagne, et très basses. La plus grande partie logent dans des grottes, où ils retirent aussi leur bétail. Enfin, on ne voit guère de maison agréable que ce ne soit quelque Chrétien qui l'ait fait bâtir. Je n'ai point entendu parler qu'ils eussent des maîtres pour apprendre les sciences, que s'ils en ont, ils sont en très petit nombre, car une grande partie d'eux ne savent rien ; je crois qu'ils apprennent à lire et à écrire seulement. On dit seulement qu'ils ont l'esprit plus vif et plus pénétrant que le nôtre.

Il leur est défendu de disputer de leur religion, si ce n'est avec l'épée ; c'est le seul expédient que Mahomet a trouvé pour la faire subsister, car elle est insoutenable. Il n'y a rien qui ne choque la raison et le bon sens, aucune preuve, point d'autorité; cependant ils remplissent les règles qu'elle leur prescrit avec une exactitude qui doit nous remplir de confusion. Quatre fois le jour, les Santons montent dans de petites tours qui servent de clocher à leur mosquée, et là, avec de certains cris, ils appellent un chacun à la prière; la modestie et la piété avec lesquelles ils y assistent sont tout à fait grandes. On n'y voit point causer, chacun y est dans une posture honnête et édifiante.

La plus grande partie des Turcs ne font pas leur pain comme le nôtre, ils font seulement de petites galettes sans aucun levain, de trois ou quatre lignes d'épaisseur, qu'ils font cuire dans le foyer; plusieurs ne mangent guère que des fruits que le pays produit avec abondance : c'est ce qui fait, je crois, que la viande et le gibier y sont à si bon marché.

Ils ne serrent pas leurs grains dans des granges, mais il y a hors les villes et les bourgs une grande place unie où chacun met ce qu'il a cueilli; il faut qu'ils se gardent une grande fidélité, car leurs monceaux sont bien près les uns des autres. Comme il ne tombe presque point d'eau pendant huit ou neuf mois de l'année, rien ne les presse de battre leur grain. Plusieurs se servent de bœufs pour battre leur grain, à la manière des anciens; j'en ai vu d'autres qui se se servoient d'un petit traîneau sur lequel ils se tiennent debout et se font traîner par un âne ou une mule autour de leur monceau.

Les Chrétiens les font subsister en partie ; c'est à eux à qui ils vendent leur coton, que le pays produit en grande abondance. Ils ont encore d'autres marchandises dont ils ne peuvent avoir beaucoup de débit que par les marchands chrétiens. Je crois les terres abondantes en toutes choses, quoique très mal cultivées ; elles appartiennent toutes au Grand Seigneur, mais chacun en prend tant qu'il veut, en payant le cinquième de ce qu'elles produisent. Il y a si peu d'ordre dans la police que très souvent une ville exerce des hostilités contre une autre ville ; un bourg fait la guerre à un autre : ce qui fait que souvent on ne peut aller dans le pays. Les Arabes y font un très grand tort ; la plus grande partie de ces peuples n'ont ni ville ni bourg, ils passent toute leur vie sous des tentes. Ils ont une grande quantité de chameaux, de chèvres et autre bétail ; ils cherchent des pâturages et se mettent dans des champs qui leur conviennent sans s'embarrasser, la plus grande partie, à qui ils appartiennent. Lorsqu'il n'y a plus d'herbe, ils vont dans d'autres lieux. Ils sont pour ainsi dire les maîtres du pays ; ils exigent des passants des droits qu'ils appellent Caffares, qu'il ne faut pas manquer de payer. Leur vie n'est guère différente de celle des bêtes ; une grande partie sont presque nus et horribles à voir. Ils vont toujours à grande bande et on les aperçoit souvent de fort loin, principalement le soir, par rapport à une très grande quantité de feux qu'ils allument, soit pour faire cuire leur pain, qui consiste en de petites galettes fort minces dont j'ai déjà parlé, ou quelques autres besoins.

Mais je reviens aux Turcs, qui, bien loin d'avoir de la déférence pour les Chrétiens à cause de l'utilité qu'ils en retirent, exercent envers eux une véritable tyrannie; je ne leur connois de l'injustice qu'à leur égard.

Depuis plusieurs années que les Pères de la Terre Sainte demandent à la Porte la permission de réparer la charpente du dôme qui couvre le saint Sépulcre qui menace ruine, ils n'ont pas encore pu l'obtenir (1). Cette permission ne sera pas encore suffisante, il faudra de plus donner de grosses sommes aux Bachats, aux Santons et autres personnes un peu au-dessus des autres, pour n'être point troublés dans l'ouvrage. Les ouvriers dont on est obligé de se servir sont pour ainsi dire les maîtres; ils ne font que ce qu'ils veulent, et il faut recevoir presque tous ceux qui veulent venir et surtout les bien payer, de manière qu'un ouvrage qui ne devroit coûter que 30 ou 40 mille livres coûtera deux ou trois fois davantage. Les Bachats et les Santons tirent souvent des sommes assez considérables des pauvres Chrétiens. Ont-ils besoin de quelque chose, ils viennent au couvent, ils la demandent et il la leur faut donner

(1) Cette réparation eut lieu en 1717, aux frais du Roi de France, après de longues négociations, et fut considérée comme un éclatant succès pour la politique française. (*Une ambassade française en Orient sous Louis XV. La mission du marquis de Villeneuve, 1728-1741*, par Albert Vandal. Paris, Plon, 1887, in-8°, pages 48, 49.)

aussitôt. On m'a dit que l'on donnoit aussi à la porte beaucoup de pain à la populace turque, et qu'on ne refusoit personne.

On ne sauroit s'imaginer la grande quantité d'argent que les Pères sont obligés de donner pour se maintenir dans les saints Lieux, et j'ai ouï dire à des religieux que tout cela serviroit de peu si ce n'étoit la protection du Roi de France; aussi n'ont-ils guère que cela, car les aumônes qu'ils tirent de France sont très peu de chose. L'Espagne et les Indes leur en font de très considérables; ils reçoivent quelque chose de l'Allemagne et de l'Italie, et de quelques autres provinces.

Ce sont, je crois, les péchés des Chrétiens qui sont la cause de cette grande tyrannie, qui cessera quand il plaira à Dieu. Pendant que les Chrétiens ont possédé les saints Lieux, au lieu de remercier la Bonté Divine d'un si grand bonheur, ils s'abandonnoient à toutes sortes de crimes. La lecture des auteurs qui parlent de ce temps-là fait horreur (1); ils étaient pires que les Infidèles mêmes. Il n'est pas surprenant que le Seigneur nous en ait chassés. On ne voit guère de femmes turques sortir de leurs maisons; quand la nécessité les y oblige, elles se couvrent d'un grand

(1) Allusion aux violentes attaques dirigées contre les mœurs des Francs établis en Palestine au temps des Croisades, par Jacques de Vitry (*Historia hierosolimitana*, cap. LXIX à LXXIII) et par l'historien arménien Matthieu d'Edesse (*Historiens armeniens des Croisades*, t. I, p. 54).

voile, dont elles sont tellement enveloppées qu'on n'aperçoit presque rien de leurs habits. Je crois qu'il n'y a pas grande différence de leurs vêtements à celui des hommes. Les femmes chrétiennes ne sortent point non plus qu'elles ne soient voilées; à l'égard des femmes arabes, elles ont seulement un petit voile qui leur couvre le visage, à la réserve des yeux et du nez, et il descend en pointe jusqu'à l'estomac : cela les rend terriblement difformes, et, véritablement, les premières que je vis me causèrent de la frayeur.

Les maisons de Jérusalem sont bâties très simplement en terrasse comme toutes les autres du Levant; les rues étroites, les murs qui l'environnent, sont beaux, faits de bonnes pierres de taille, garnis de tours d'espace en espace; la citadelle, qui a été bâtie autrefois par la republique de Pise, paroît assez forte. Mais comme une grande partie de la ville est environnée de petites montagnes d'où on la pourroit battre, elle ne pourroit pas soutenir un long siège. On y compte six portes principales : celles de Saint-Étienne, de Bethléem, de Damas, de Saint-Jérémie, la porte Sterquiline et celle du Mont-Sion; son circuit peut être de trois quarts de lieue. L'église du Saint-Sépulcre, de la Présentation, de Saint-Jacques, le temple de Salomon, sont les principaux ornements de cette sainte ville si magnifique autrefois. La grande quantité de ruines que l'on voit aux environs peuvent donner une petite idée de son ancienne beauté.

XVIII

DÉPART DE JÉRUSALEM ET RETOUR PAR LA SAMARIE ET LA GALILÉE. — LE MONT-CARMEL

Le 21 août, il fallut partir de cette sainte ville. Le Frère Maximin, qui m'avoit accompagné dans la visite des saints lieux et qui alloit à Tripoli-de-Syrie, vint avec moi. Nous ne nous devions point quitter qu'à Séide. Le matin, le Révérend Père président, après avoir dit les prières accoutumées pour la prospérité de notre voyage, nous embrassa avec beaucoup d'amitié; une grande partie des religieux qui étoient présents firent la même chose. Si la cérémonie que l'on fait à l'arrivée des pèlerins est agréable, celle-ci a quelque chose de bien triste. Heureux qui pourroit passer sa vie dans des lieux si saints! mais mon état ne me permettoit pas d'y penser.

Nous sortimes par la porte de Bethléem, et ayant un peu attendu la caravane, nous la suivîmes. Aussitôt qu'elle fut arrivée, la marche ne se fit pas avec plus d'ordre que celles avec lesquelles j'avois déjà été. Comme les chemins sont extraordinairement rudes et serrés, on devroit marcher les uns après les autres, et faire marcher les bêtes qui sont chargées, de manière que si on ne prenoit pas garde à soi on se trouveroit à tout moment en danger d'être renversés ou blessés par ces animaux qui, se sentant frappés, se font faire place. Véritablement, il faut avoir de la patience, et on ne peut guère se figurer une si grande confusion. Dans les défilés de montagne, on court risque de tomber; dans les plaines, on est fort incommodé de la poussière. Je souffris un peu de temps de ces incommodités, principalement dans les commencements; mais enfin, je fis si bien en sorte dans la suite, que j'étois presque toujours à la tête de la caravane et je me retirois de la grande troupe.

Nous passâmes la montagne de Soco, la vallée du Thérébinte, le village de Saint-Jérémie, les montagnes de Judée, le château du Bon-Larron (1), sans aucun danger; nous ne payâmes que trois ou quatre caffares, et lorsque je me vis à une lieue et demie de Roma (2), je commençois à faire réflexion au bonheur de notre voyage, croyant n'avoir plus rien à craindre; mais un Arabe, qui m'arrêta presque aussitôt, me fit connoître que je n'étois pas hors de danger. Il me demanda deux isselottes, qui peuvent valoir 4 livres de notre monnoie; je lui fis signe que je n'en avois point. C'était bien la vérité, car il ne faut porter avec soi que ce que l'on n'est pas fâché de perdre. Il ne se contentoit point de tout ce que je lui pouvois dire, prit des pierres, voulant absolument de l'argent. Après beaucoup de contestations et de

(1) Forteresse démantelée dominant la ville ruinée de *Lathroun*.

(2) *Ramleh*, selon toute probabilité, l'ancienne *Arimathie*.

protestations, il se retira vers un camp d'Arabes qui étoit à quatre ou cinq cents pas de notre chemin.

A peine avions-nous fait une demi-lieue qu'il en vint un autre monté sur un cheval gris assez joli ; il m'arrêta et ne se contenta pas si facilement que l'autre, il me demanda 2 sequins, qui valent environ 18 livres. J'eus beau lui représenter que je n'en avois point, il n'eut point d'égard à tout ce que je lui pus dire. Je fus obligé de tourner ma poche pour lui faire connoître que je n'avois point d'autre argent que 60 ou 80 maidins, que j'avois été obligé de lui donner : c'est une petite monnoie qui vaut environ 1 sol. Le mal est que la caravane vous laisse seul et poursuit toujours son chemin. Il ne resta avec moi que deux personnes et le Frère Maximin, qui ne m'abandonna point. Si ces malheureux vous faisoient signe de vous dépouiller, il le faudroit faire promptement, autrement on pourroit s'attirer des coups de sabre et des coups de bâton. Il en faudroit toujours venir là, quand même on se trouveroit beaucoup de pèlerins et qu'il n'y auroit qu'un seul Arabe. Il ne faudroit pas contester ; de frapper ces gens-là, on seroit perdu. A un seul cri qu'ils feroient, il en viendroit en très peu de temps un très grand nombre.

Je vis un exemple de cela à Bethléem. Un cri que l'on avoit entendu mit toute la ville en alarme. Les femmes encouragent leurs maris à courir vite par de certains cris qui font frayeur. On voit ensuite ces gens-là sortir comme des démons, armés de fourches, de bâtons, et courir vers l'endroit avec des hurlements horribles. Les femmes sortent de même et se tiennent dans les avenues des chemins en criant toujours. Tout cela fait un tintamarre effroyable. C'est peut-être encore pire chez les Arabes, qui sont encore plus barbares. Le plus court chemin, quand on est rencontré de ces gens-là, est de composer avec eux. Ils font beaucoup plus de bruit que de mal ; ils ne frappent guère à moins qu'on ne voulût s'opposer à eux. Le pire est d'être dépouillé. Après tout, ils ne sont pas tous si difficiles à contenter; une grande partie se retirent après avoir reçu 2 ou 3 maidains ou un morceau de pain. A présent même, ils n'osent rien dire depuis qu'un Pacha a fait mettre en prison deux de leurs princes. Me trouvant à Jaffa dans l'obligation d'écrire au Révérend Père vicaire de la Terre-Sainte, pour répondre à toutes les honnêtetés qu'il avoit eues pour moi, je lui marquai aussi ce qui m'étoit arrivé.

Le Procureur général (ainsi que je l'ai su depuis par une lettre que je reçus à Chypre en réponse de celle que j'avois écrite) fit ses plaintes au chef des Arabes, qui lui fit faire des excuses, protestant qu'il n'en avoit eu aucune connoissance, qu'il y prendroit garde à l'avenir, et qu'il feroit en sorte que cela n'arriveroit plus. Quand le pays est en repos, on tire un peu de raison d'eux; mais le malheur est qu'il faut peu de chose pour le troubler.

Cet Arabe, voyant qu'il n'y avoit plus rien à gagner avec moi, se retira. Quant à nous, nous rejoignîmes la caravane ; on voit cependant, par la manière dont elles nous abandonnent, qu'elles ne nous sont d'aucune utilité.

Après avoir passé devant des terres très fertiles, nous entrâmes dans Rama (1) ; nous fûmes descendre au couvent, un peu fatigués de la chaleur.

Le lendemain, 22 d'août, nous arrivâmes à Jaffa, à huit ou neuf heures du matin, sans aucune mauvaise rencontre. Il peut y avoir de Jérusalem à Rama huit ou dix lieues, et trois ou quatre de Rama à Jaffa.

Nous fûmes d'abord à l'hospice des Pères; dans cette maison de Simon le Corroyeur, ou plutôt dans celle bâtie où elle étoit autrefois (2). J'avois beaucoup de plaisir de manger et de coucher en ce lieu où saint Pierre avoit demeuré quelque temps.

Nous nous embarquâmes le samedi au soir, dans un petit bateau, pour aller à Saint-Jean-d'Acre ; nous eûmes le vent assez bon jusque proche Césarée, ensuite il se leva si violent et si contraire que nos matelots furent obligés de jeter l'ancre. Nous y demeurâmes le reste du jour et toute la nuit ; nous y souffrîmes beaucoup. Le Frère Maximin faisoit com-

(1) *Ramleh.*

(2) Il est extrêmement probable que l'emplacement véritable de la maison de Simon le corroyeur est occupé actuellement par la mosquée appelée *Djama' eth-Thabieh,* laquelle a certainement succédé à un très ancien sanctuaire chrétien.

passion tant il étoit malade ; il ne pouvoit ni boire ni manger. L'appétit me quitta aussi ; j'avois même de temps en temps de petits maux de cœur, mais je ne jetai point. Nous ne fûmes guère mieux le dimanche et la nuit suivante. Enfin, le lundi, contre notre espérance, le vent se tourna bon et nous arrivâmes à Saint-Jean-d'Acre à une heure de l'après-midi.

Nous partîmes le lundi 27 d'août pour aller à Nazareth avec un Chrétien grec qui nous conduisoit. Nous étions très bien montés. Notre conducteur étoit vêtu en Arabe ; il avoit une pique de 12 à 15 pieds de long sur son épaule et un pistolet à l'arçon de sa selle. Nous passâmes le long de l'ancien port, et on voit par les ruines qui restent qu'il étoit autrefois de conséquence ; on voit encore de grands pans de murs, des restes de bastions, de tours, qui font connoître la force de cette ville.

Nous suivîmes ensuite une belle plaine et qui est très fertile, surtout en coton. Le cotonnier a la feuille comme le groseillier rouge ; il est à peu près de même grandeur ; il produit de petites pommes dans lesquelles est renfermé le coton. Il s'en fait un gros commerce dans ce pays.

Nous entrâmes ensuite dans les montagnes, qui sont toutes couvertes de bois. Très souvent, nous rencontrions de petits endroits qui étoient très fertiles et assez bien cultivés. A 12 ou 15 mille de Saint-Jean-d'Acre, nous trouvâmes la plaine de Zabulon (1), qui est passablement grande et tout environnée de montagnes fort agréables.

Nous fîmes la collation sur le bord d'une citerne qui est dans cette belle plaine, et ensuite, étant montés à cheval, nous continuâmes notre chemin. Nous passâmes peu de temps après assez proche d'un camp d'Arabes; nous eûmes le bonheur de n'être pas arrêtés, peut-être qu'ils ne nous aperçurent pas.

A environ une lieue de ce camp, notre guide nous fit remarquer la ville de Sepphoris (2); elle est située sur le sommet d'une montagne. Joseph, gouverneur de la Galilée, en avoit fait une place forte, qui fut prise par Vespasien, dans le temps de la révolte des Juifs.

Après avoir monté des montagnes assez hautes, nous en descendîmes une très rude pour arriver à Nazareth. Ce bourg est presque tout détruit, et une grande partie des habitants demeurent dans des cavernes comme des bêtes. Le couvent des Pères est assez grand, mais peu régulier. Il y avoit autrefois une très belle église (3), dont on voit encore quelques marques.

On descend du couvent, par un petit escalier, dans la chapelle où s'est accompli le premier mystère de notre rédemption ; elle est toute taillée dans le roc. Quoique le lieu soit très petit, il y a cependant quel-

(1) Appelée aujourd'hui *Merdj el-Bathouf*.

(2) Aujourd'hui *Seffourieh* (Victor Guérin, *Galilée*, I, pages 369 à 376).

(3) Rebâtie sur une portion de l'ancien plan au XVIIe siècle et remaniée au XVIIIe.

ques chaires pour les Religieux qui y font l'office. Il y a un tableau à l'autel qui représente ce grand mystère. Ce lieu sacré est une source de bénédictions et de grâces ; on y ressent, comme dans les autres saints Lieux, de grandes consolations intérieures. On voit écrit au-dessus de l'autel, en latin : « Ici le Verbe s'est fait chair. » Ce peu de mots, quand on les médite un peu, font le sujet de beaucoup de belles réflexions et portent à admirer la grande bonté de Dieu, l'amour de Jésus-Christ envers les hommes, qui, pour leur mériter le Royaume éternel, a bien voulu s'anéantir jusqu'à prendre notre nature et s'assujettir à toutes ses infirmités.

Cette sainte grotte étoit autrefois l'oratoire de la Très-Sainte-Vierge; elle y étoit en prières lorsque l'archange saint Gabriel la salua et lui dit qu'elle avoit trouvé grâce devant Dieu et qu'elle enfanteroit un Fils qui seroit grand et seroit appelé le Fils du Très-Haut.

A côté de cette chapelle, il y en a une autre en la même place où étoit la chambre de cette Sacrée Vierge, qui a été transportée par les Anges à Lorette ; elle est dédiée à saint Joseph. Il y a un tableau excellent : le peintre y a représenté N.-S. Jésus-Christ comme à l'âge que les enfants ont de la peine à se tenir seuls, et saint Joseph qui le tient par la main comme pour le soutenir de peur qu'il ne tombe. Cette peinture, qui peut-être ailleurs ne m'auroit pas fait une forte impression, m'en fit une très grande en ce lieu. Quel excès de bonté, dis-je à peu près en moi-même, qu'un Dieu ait bien voulu demeurer dans un si petit lieu ; que Celui qui nourrit tout, qui soutient le ciel et la terre, se soit humilié jusqu'à vouloir avoir besoin du travail de saint Joseph pour être nourri, de celles de la Très-Sainte-Vierge et de celles de ce grand saint pour le soutenir ; et cela pour l'amour de moi ! Comment est-ce que je reconnois un si grand bienfait ? Oh ! que ce lieu-ci est saint, qui a servi si longtemps de retraite à notre divin Libérateur !

Quoique je n'aie pas demeuré longtemps dans ce sacré Lieu, j'ai cependant été plusieurs fois sur la terrasse du couvent ; je ressentois une joie intérieure en regardant le terrain des environs. Combien de fois, disois-je en moi-même, N.-S. Jésus-Christ, la Très-Sainte-Vierge et saint Joseph se sont-ils promenés dans tous ces endroits !

On voit, à quelques cents pas du couvent, un vieux bâtiment, où il n'y a rien de remarquable, que l'on dit être la Synagogue, où les Juifs, au lieu de profiter des paroles de grâce qui sortoient de la bouche de Notre-Seigneur, le méprisèrent et le chassèrent hors de la Synagogue, qui s'appelle encore aujourd'hui la montagne du Précipice (1), afin de le

(1) C'est le *Djebel Neby-Saïd* ; mais il semble que la véritable montagne du Précipice soit plutôt le *Djebel el-Kafreh*, montagne un peu plus éloignée de Nazareth.

jeter en bas; mais cet adorable Sauveur passa au milieu d'eux et se retira. On croit que ce fut dans le milieu de la montagne, où il y a une petite grotte.

Ce lieu est à plus d'un quart de lieue de Nazareth, sur la pointe de la montagne, qui est tout à fait escarpée. On voit dans l'endroit où ils voulurent jeter Notre-Seigneur une grosse pierre où il y a comme la marque de dix doigts; on croit que Notre-Seigneur mit la main sur cette pierre et que ses doigts sacrés y sont demeurés imprimés. La montagne est fort rude et le chemin très difficile à cause des grosses roches que l'on rencontre, mais d'ailleurs très agréable par rapport à une grande quantité d'arbres que l'on y voit. Après avoir fait notre prière pour gagner l'indulgence, nous retournâmes sur nos pas pour aller voir le lieu appelé la Peur-de-la-Sainte-Vierge; on tient par une sainte tradition que cette sainte Vierge sacrée, ayant appris que les Juifs, indignés contre son cher Fils, le conduisoient à la mort, y courut aussitôt tout affligée et tomba de faiblesse en ce lieu. Il y avoit autrefois une chapelle (1), dont on voit encore quelques ruines.

On voit, de l'autre côté du village, une fontaine qui est à trois ou quatre cents pas; on l'appelle la Fontaine de la Sainte-Vierge, parce qu'on tient que

(1) Chapelle du petit couvent de Bénédictines appelé jadis *Santa Maria del Tremore.*

c'étoit là où cette Reine des Anges alloit tirer de l'eau. On boit au couvent de l'eau de cette fontaine, qui est très bonne, ainsi que tous les habitants du village qui en viennent chercher.

Nous partîmes le 29 d'août de grand matin, pour aller au mont Thabor. Le Père gardien eut la bonté de nous dire la Messe après matines. Nous avions notre même conducteur et deux autres hommes armés chacun d'un fusil.

Nous y arrivâmes de très bonne heure ; il peut y avoir de Nazareth deux lieues et demie. Le chemin est fort agréable, rempli de petites montagnes très fertiles. En plusieurs endroits, on y voit une grande quantité d'arbres, qui y donnent beaucoup d'agrément. Cette sainte montagne peut avoir trois quarts de lieue de hauteur; on y monte par un petit escalier fort roide, mais presque toujours à cheval si on veut. C'est peut-être la plus belle montagne qui soit au monde; elle paroît de loin avoir la figure d'un pain de sucre. Quoique la cime ait pour le moins une demi-lieue de circonférence, les arbres dont elle est remplie lui donnent une grande beauté. On voit sur la cime une grande quantité de pierres de taille, de gros pans de murailles, qui sont les restes d'une forteresse. On voit encore les ruines d'un grand monastère et de l'église bâtie autrefois par sainte Hélène. Sous les ruines de cette église, on entre dans un petit cabinet, de là sous une petite voûte d'environ 2 ou 3 toises de long, et ensuite dans trois petites chapelles voûtées et placées en forme de croix ; les chapelles sont d'environ 5 pieds de largeur et 4 de profondeur, bâties dans le lieu où on prétend que Notre-Seigneur se transfigura et fit voir à ses Apôtres un petit échantillon de sa gloire (1). Ce qui fit dire à saint Pierre : « Seigneur, il fait bon ici ; si vous souhaitez, nous y ferons trois tentes : une pour vous, une pour Moïse et une pour Élie. » Ce saint Lieu est si obscur qu'il y faut porter de la lumière, et on y descend assez difficilement.

La vue de cette sainte montagne est des plus agréables : on voit d'un côté de petites montagnes couvertes d'arbres, de l'autre la grande plaine d'Esdrelon, la ville de Naïm, où Notre-Seigneur ressuscita le fils de cette pauvre veuve que l'on portoit en terre. On voit le mont Hermon, les montagnes de Gelboé, où furent tués Saül et Jonathas et les Israélites vaincus par les Philistins. Quoiqu'on n'aille pas à Naïm, et à quelques Lieux saints que l'on découvre, on gagne les Indulgences en les voyant comme si on y alloit en disant dévotement le *Pater* et l'*Ave Maria*.

Ce fut dans cette grande plaine d'Esdrelon que le

(1) Le véritable emplacement de la Transfiguration a été récemment mis à jour par les Pères franciscains de Nazareth, un peu à l'est du point assigné par notre pèlerin. Une double chapelle en ruines et une crypte à jamais vénérable, datant des premiers siècles de l'Eglise, marquent l'emplacement de la Transfiguration. (Victor Guérin, *Galilee*, tome I, pages 145 à 148.)

Seigneur, combattant pour le peuple d'Israël commandé par Barac, frappa de terreur Sisara, général du roi des Chananéens et de toutes ses troupes, et les fit passer au fil de l'épée ; on croit qu'il s'éleva une tempête contre eux, et qu'il tomba de la grêle avec une violence extraordinaire.

Après être demeuré un temps considérable sur cette sainte montagne pour en admirer les beautés, bu de l'eau d'une citerne qui est proche les ruines du monastère, en faisant la collation, nous la descendîmes à pied et ensuite montâmes à cheval et primes le chemin de Tibériade.

Il y a une grande quantité de gibier dans tout ce pays. Nous voyons les perdreaux courir devant nous ; il y a beaucoup de chevreuils. Nous traversâmes de très belles plaines, qui seroient très fertiles si elles étoient bien cultivées, et, après avoir passé assez proche d'un village qui paraissoit fort en ruines, nous nous arrêtâmes à un demi-quart de lieue de Tibériade, proche une belle fontaine, où nous restâmes, et, sur les cinq heures du soir, nous descendîmes à Tibériade.

Tibériade étoit autrefois une ville considérable, grande (1) ; elle étoit la capitale de la Galilée (2),

(1) Fondée, sous le règne de Tibère, par le tétrarque *Hérode Antipas*, probablement sur l'emplacement de l'antique *Rakkath*.

(2) La vraie capitale était *Sepphoris*, où Gabinius, en 56 avant J.-C., établit un Sanhédrin provincial. Tibériade n'eut le titre de capitale que durant peu d'années.

située sur le lac à qui elle donne le nom. Nous passâmes au travers des ruines pour aller voir les bains d'eau chaude qui sont à l'extrémité. On voit, par le nombre des colonnes que l'on rencontre et quelques restes de bâtiments, qu'il y en avoit autrefois de considérables.

Ces bains sont presque tout ruinés, quoique l'eau, à ce qu'on dit, ait de très grandes propriétés. Dans l'endroit où elle sort, elle est si chaude qu'on ne sauroit y durer les mains, et on ressent en s'approchant proche de ce lieu une chaleur comme celle d'un fourneau, comme si un grand feu étoit proche. On trouve autour du sel blanc. Il faut que ce soient les vapeurs de ces eaux chaudes qui passent au travers de cette terre qui, séchée ensuite par la grande ardeur du soleil, se change en sel.

Nous trouvâmes, en retournant à Tibériade, une quantité prodigieuse de perdrix ; elles couroient devant nous comme on les voit quelquefois courir dans le parc de Versailles ; elles sont si privées qu'elles ne s'envolent qu'à force de les poursuivre, et elles ne volent pas plus de 40 ou 50 pas. Nos conducteurs se mirent en devoir de tirer, mais les batteries de leurs fusils étoient si mauvaises que la poudre ne prenoit pas feu. Pour une perdrix qu'ils tuèrent, ils furent plus de temps qu'il n'auroit fallu pour en tuer trente ; car rien n'étoit plus aisé dans ces ruines, où on auroit pu quelquefois en tuer trois ou quatre d'un seul coup.

Il y a de l'apparence que les Turcs ne chassent point ; je crois qu'ils ne pêchent pas non plus, car il y a tant de poissons dans le lac de Tibériade que nous en faisions venir plusieurs sur le bord en jetant dedans de petits morceaux de pain. Si nous eussions eu quelques lignes, nous en aurions pu pêcher beaucoup.

Tibériade (1) est présentement dans un petit endroit, sur le bord du lac, qu'ils ont environné de murailles. Rien n'est plus pauvre. Les maisons n'ont assurément pas plus de 6 à 7 pieds de hauteur ; je fus surpris de les voir. Nous fîmes nos prières dans l'église de Saint-Pierre pour gagner l'Indulgence ; elle sert à présent de magasin. L'Écriture rapporte que Notre-Seigneur se fit voir à ses Apôtres, après sa glorieuse résurrection, proche la mer de Tibériade ; il leur demanda d'abord s'ils n'avoient rien à manger, ils répondirent que non. Il leur dit de jeter le filet du côté droit de la barque et qu'ils en prendroient. Ils le jetèrent, et ils en prirent une si grande quantité qu'ils ne pouvoient retirer le filet à bord. Ce fut dans cette occasion qu'après avoir demandé par trois fois s'il l'aimoit, qu'il leur dit de paître ses brebis.

On nous donna le soir à souper à l'arabesque. On servit d'abord un grand plat de bois rempli de bouillie faite avec du lait aigre, de la farine, des fèves

(1) Aujourd'hui *Thabarieh*.

et des lentilles, avec des cuillères de bois, dont le manche avoit bien près d'un pied et demi de longueur. Le Frère Maximin y goûta un peu, qui m'assura que cela n'étoit pas mauvais; cependant je n'en voulus pas manger. Il y avoit de ce repas, outre nos trois conducteurs, deux ou trois personnes du lieu. Après qu'ils eurent mangé une grande partie de cette bouillie, ils prirent des pipes et fumèrent; enfin, quelque temps après, ils apportèrent quatre gros poulets et notre perdrix assez bien accommodés, et des galettes cuites dans le foyer. Nous soupâmes alors très bien et à bon marché, car il ne nous en coûta que 10 maidains, qui valent environ 10 sols de France; peut-être nous tinrent-ils compte de ce qu'ils nous avoient donné.

Le Frère Maximin et nos trois truchements se couchèrent dans le même lieu où nous avions soupé: c'étoit une petite terrasse de 4 à 5 pieds de hauteur; pour moi, je descendis dans un petit jardin qui y touchoit. Là j'étendis mon caban sur la terre et je me couchai dessus. La délicatesse de nos lits ne nous rendit pas paresseux: dès le grand matin nous partîmes, et nous arrivâmes de bonne heure au champ où Notre-Seigneur rassasia cinq mille hommes avec cinq pains et deux poissons (1). Appa-

(1) C'est là une tradition erronée; la localité dont il est ici question, et dont le nom actuel est *Hadjar en-Nazarah*, a été le théâtre de la Multiplication, — non pas des *cinq pains*, — mais des *sept pains*. La Multiplication des *cinq pains* s'est accomplie à *Bethsaida Julias*, au-

remment que l'on connoît ce saint lieu par tradition, car on ne voit rien qui puisse le faire remarquer ; il est dans une belle plaine qui paroît très fertile. Nous détournâmes ensuite sur la droite afin d'aller voir la montagne des Béatitudes (1) ; on me fit remarquer en marchant la ville de Béthulie (2) ; elle est située sur la cime d'une montagne assez élevée. Nous ne pûmes pas voir ce qu'elle est aujourd'hui, nous en étions trop éloignés. C'étoit une ville très forte dans le temps qu'elle fut assiégée par Holopherne, général de l'armée du roi Nabuchodonosor. Ce général se confioit si fort dans la force de ses troupes, il étoit si fier et si orgueilleux, qu'il lui sembloit que tout devoit plier sous sa puissance; mais il éprouva bientôt la faiblesse de l'homme : Judith, sainte femme, lui coupa la tête, et cette tête, qui faisoit trembler les princes et les rois, fut exposée au haut d'une pique, sur les murailles de la ville, comme celle d'un scélérat. Son armée, épouvantée d'un coup si terrible, s'enfuit ; les soldats jetèrent leurs armes

jourd'hui *Kharbet et-Tell*, sur la rive droite du Jourdain, un peu au-dessus du lac de Tibériade. (Victor Guérin, *Galilée*, I, pages 185 à 190, 215 à 219, 329 à 335.)

(1) Une très ancienne tradition chrétienne identifie cette montagne avec le *Djebel Koroun Hattin*, dominant la fameuse et triste plaine où Guy de Lusignan fut vaincu par Saladin, le 4 juillet 1187, défaite qui amena la chute progressive du royaume latin de Jérusalem.

(2) L'antique *Bethulie* doit, selon toute apparence, être identifiée soit avec le village actuel de *Sanour*, dans la *Samarie*, soit avec les ruines du *Djebel Koroun Hattin*, dans la *Galilée*.

de côté et d'autre pour fuir avec plus de diligence; la plus grande partie fut passée au fil de l'épée par un petit nombre de troupes du peuple de Dieu ; et ceux qui croyoient pouvoir donner des lois à toute la terre et qui méprisoient le peuple d'Israël sont obligés de fuir pour sauver leur vie, et de reconnoître la force du Très-Haut, qui peut, quand il lui plaît, élever les humbles et les petits et abattre les plus grands et les plus puissants.

Il peut y avoir du champ des Cinq-Pains à la montagne des Béatitudes environ une lieue. C'est une petite colline ; placée dans une belle plaine, elle est assez escarpée, mais elle n'a pas beaucoup d'élévation ni de circuit. Ce fut là que l'on tient que Notre-Seigneur fit cet admirable sermon où, après avoir montré la manière dont les Chrétiens doivent se comporter, ce qu'ils doivent faire et ce qu'ils doivent éviter, il finit par ces paroles : « Que celui qui écoute et pra-« tique ce qu'il dit est semblable à un homme pru-« dent qui a bâti sa maison sur le rocher : la pluie, « les vents, les rivières, sont venus fondre sur cette « maison et ils ne l'ont pu ébranler, parce qu'elle « étoit fondée sur la pierre ; mais que celui qui écoute « et ne le pratique pas est semblable à un homme « qui a bâti sa maison sur le sable, que les moindres « vents sont capables de renverser et détruire en « très peu de temps. »

Un de nos gens poursuivoit cinq ou six chevreuils qui s'étoient levés proche cette sainte montagne.

Quoique je fusse persuadé que ses peines seroient inutiles, cela me fit cependant plaisir, parce que cela nous obligea de demeurer quelque temps proche de ce saint lieu. On voit encore sur le sommet de la montagne les ruines d'une petite chapelle qui y étoit autrefois. Nous prîmes ensuite le chemin de Cana, en Galilée, et, après avoir passé par des plaines très fertiles, nous y arrivâmes sur les dix heures du matin.

Cana est à présent un petit village (1) ; les maisons y sont mal bâties, la campagne cependant paroît assez fertile. Nous entrâmes dans le lieu où Notre-Seigneur fit son premier miracle en changeant l'eau en vin excellent. C'est présentement une église qui tombe en ruines ; elle est bâtie de pierres de taille, bien voûtée ; elle n'a guère moins de 10 ou 12 toises de longueur sur 5 ou 6 de largeur. On dit dans tous ces saints Lieux le *Pater* et l'*Ave* pour gagner les Indulgences.

Après que nos gens se furent rafraîchis proche une belle fontaine qui fournit de l'eau à tout le village, et qui est celle dont on avoit rempli les urnes que Notre-Seigneur changea ensuite en très bon vin, nous remontâmes à cheval et arrivâmes heureusement à Nazareth. Nous devions avoir d'autant plus de joie, qu'on nous avoit dit qu'il y avoit beaucoup de risques à visiter les saints Lieux que nous venions de

(1) Appelé aujourd'hui *Kefr Kenna*.

voir. Je ne crois pas qu'il y ait plus de 7 à 8 lieues de Tibériade à Nazareth.

On voit encore à Nazareth, dans la chapelle de l'Annonciation, deux colonnes : l'une placée dans le lieu où la Sainte-Vierge étoit en oraison lorsqu'elle conçut le Verbe, et l'autre où étoit saint Gabriel quand il lui annonça ce grand mystère; celle qui est dans la place de la Très-Sainte-Vierge a été rompue par la moitié : on dit que ce sont les Turcs, croyant que dessous il y auroit quelque trésor. Le haut de la colonne est demeuré attaché à la voûte de la chapelle ; il subsiste ainsi en l'air sans qu'on sache ce qui le tient ; il pèse bien un tonneau de vin. Chacun croit que c'est un miracle perpétuel.

Comme il y avoit à Saint-Jean-d'Acre un vaisseau qui devoit partir pour Livourne, je fus obligé de partir le lundi 31 août de Nazareth. Ainsi, après avoir entendu la sainte Messe, que le Père gardien eut encore la bonté de nous dire après matines, nous nous mimes en chemin, le Frère Maximin, notre conducteur ordinaire et moi, et nous arrivâmes avant le dîner à Saint-Jean-d'Acre.

La mort du capitaine du vaisseau dont je viens de parler, qui arriva pendant que nous fûmes à Nazareth, retarda le départ de quelques jours, et me donna occasion de voir la montagne du Carmel, si célèbre dans les Saintes-Écritures.

Dès ce même jour, je m'embarquai avec deux Religieux et le Père Président du mont Carmel (qui avoit dîné au couvent), dans un petit bateau qui alloit à Caïphas, qui est une petite ville peu éloignée de cette sainte montagne. Comme il étoit tard lorsque nous arrivâmes, ce bon Père Carme nous mena dans une maison d'un Chrétien grec qu'il connoissait, qui nous fit beaucoup d'honnêtetés; il nous fit monter sur la terrasse du logis, où nous soupâmes et où nous couchâmes. Il y auroit du danger pour des personnes qui se lèvent en dormant, car ces terrasses n'ont aucun mur d'appui.

Le dimanche premier jour de septembre, nous nous levâmes de grand matin et nous fûmes entendre la sainte Messe au mont Carmel, distant d'un quart de lieue de Caïphas. On voit encore quelques restes de cette beauté ancienne du Carmel; sa vue, entre autres choses, est tout à fait agréable; les flots de la mer battent le pied de cette sainte montagne. Après avoir monté un peu, nous trouvâmes une caverne qui étoit fermée d'une assez bonne porte; quoiqu'il y eût quelques trous, je ne pus cependant rien découvrir du dedans à cause de la grande obscurité, car elle ne reçoit point d'autre lumière que par cette porte. On nous dit seulement que c'étoit la grotte où demeuroit le prophète Élie, et qu'elle avoit bien près de 15 ou 20 pieds de long sur 10 ou 12 de large. Nous prîmes ensuite un petit sentier qui est fort rude, où on trouve quelquefois de petits degrés taillés au ciseau. Après avoir monté quelque temps avec assez de difficulté, nous arrivâmes à une grotte appelée « la Grotte du prophète Élisée »; elle peut avoir 2 ou 3 toises de long et 7 ou 8 de large, et à l'Hermitage des Pères, qui est environ aux deux tiers de la montagne, de ce lieu on voit la mer en toute son étendue, et une partie de la campagne des environs. Cet hermitage consiste en quatre ou cinq grottes taillées dans le roc : une qui sert de chapelle, où les Pères Carmes font leur office ; elle peut avoir 8 ou 9 pieds en carré ; une autre sert de réfectoire, où il y a trois tables de pierre et des sièges de même, où on peut s'asseoir dix ou douze personnes ; les autres servent de dortoirs. Ils ont pratiqué une petite cour où on peut faire la cuisine ; mais tout y ressent la pauvreté, tout y inspire la dévotion (1). Il y avoit alors trois religieux, deux Pères et un Frère, qui y menoient une vie bien dure. Le pain que l'on nous servit à dîner étoit noir, dur ; il y avoit bien trois semaines qu'il étoit cuit. Après dîner, nous fûmes visiter une autre grotte du prophète Élie ; elle est sur le haut de la montagne, elle peut avoir 2 ou 3 toises de long sur 7 ou 8 pieds de large, où il y a beaucoup de dévotion. On voit tout proche les ruines d'un monastère qui pourroit avoir été beau autrefois. On dit que cette sainte montagne a 12 ou 13 lieues de tour, qu'il y a quelques villages, beaucoup de bois,

(1) On sait qu'un superbe monastère a été construit au sommet du *Carmel*, dans la première moitié du XIXe siècle, grâce au zèle et au dévouement du Frère Jean-Baptiste de Frascati. (Victor Guérin, *Samarie*, II, pages 260 à 273.)

plusieurs fontaines, quantité de cavernes où il y avoit autrefois de saints Anachorètes, qu'il y croît de bon vin, d'excellents fruits, et fort abondante en gibier.

Ce fut sur cette sainte montagne que se fit autrefois ce grand sacrifice dont il est parlé dans le 3e Livre des Rois. Le saint prophète Élie, touché de voir la corruption du peuple d'Israël, dit au roi Achab de faire assembler ce peuple, et les quatre cents Prophètes de Baal l'étant tous venus trouver, il leur dit : « Jusqu'à quand serez-vous comme un homme qui boite des deux côtés ? Si le Dieu d'Israël est le vrai Dieu, il faut le suivre. Je suis le seul resté des Prophètes du Seigneur, les Prophètes de Baal sont quatre cents. Que l'on nous donne deux bœufs : que les Prophètes de Baal prennent celui qu'ils souhaiteront, qu'ils le mettent sur le bois et qu'ils n'y mettent point de feu, je prendrai l'autre bœuf et je le mettrai de même sur le bois et n'y mettrai point de feu ; qu'ils invoquent le nom de leur dieu et j'invoquerai le mien, et que le dieu qui consommera le sacrifice par le feu soit reconnu pour le vrai Dieu. » Ce discours fut approuvé de tous ; les Prophètes de Baal prirent un bœuf et firent comme il avoit été dit. Ils invoquèrent Baal depuis le matin jusqu'à midi, mais fort inutilement. Le prophète Élie leur disoit, en les insultant : « Criez plus haut, votre dieu parle peut-être à quelqu'un ; il est peut-être dans une hôtellerie ou dans le chemin, peut-être

10

est-il endormi ! » Le temps du Sacrifice approchant, ce saint Prophète fit approcher le peuple ; il rétablit l'autel du Seigneur qui avoit été détruit, et, après plusieurs autres choses, il fit jeter quantité d'eau sur le Sacrifice, de manière que tout le lieu en étoit rempli, et, ayant fait sa prière, le feu du Ciel tomba et consomma le Sacrifice, le bois, les pierres, l'eau et la poussière même. Ce grand miracle étonna si fort les Israélites, qu'ils se prosternèrent le visage contre terre et s'écrièrent que le Seigneur étoit le vrai Dieu. On prit les faux prophètes de Baal et on les fit mourir au torrent de Cizon.

Ce fut encore sur cette sainte montagne que le même Prophète fit descendre le feu du Ciel par deux fois, qui consomma leurs capitaines et deux compagnies de soldats.

Ce même jour, après avoir remercié nos bienfaiteurs, nous partîmes sur les deux heures après midi pour Caïphas, où nous devions trouver le petit bateau qui nous avoit amenés.

Caïphas n'est à présent qu'un petit village où il n'y a rien de particulier. On dit que ce nom vient de Caïphe, qui le lui donna après l'avoir fait rétablir. Nous y eûmes de grandes contestations par rapport aux Caffares ; enfin, après avoir attendu longtemps, ils se contentèrent d'une piastre par homme, qui est le droit ordinaire, et, nous laissant embarquer, nous arrivâmes en peu de temps à Saint-Jean-d'Acre, d'où il y a deux ou trois lieues.

Cette visite du mont Carmel étoit la dernière qui me restoit à faire des saints Lieux; heureux si je les avois faites. Je prie le Seigneur de me pardonner ma lâcheté, ma négligence et toutes les autres fautes que j'y ai faites; de m'accorder les saintes Indulgences que les Chrétiens y gagnent quand ils y apportent les dispositions requises et la grâce; que la souvenance de ces lieux sacrés et des souffrances qu'il y a endurées pour l'amour des hommes me porte à une véritable pénitence de tous mes péchés, afin d'en mériter le pardon et mériter d'entrer un jour dans la Jérusalem céleste pour le louer et bénir pendant toute l'éternité.

XIX

DÉPART DE TERRE-SAINTE, CHYPRE, LIVOURNE, ARRIVÉE EN ITALIE

Je restai à Saint-Jean-d'Acre (1) jusqu'au dimanche 8 septembre.

Le soir, je m'embarquai dans ce vaisseau dont j'ai

(1) On sait que, du 12 juillet 1191 au 18 mai 1291, Saint-Jean-d'Acre fut la capitale et le centre des possessions latines en Terre-Sainte. Le 18 mai 1291, elle fut prise d'assaut et saccagée par l'armée égyptienne du sultan *Malek el-Achraf*.

déjà parlé, qui étoit chargé pour Livourne, avec cinq Religieux qui revenoient aussi de Jérusalem. Je ressentois pour moi de la tristesse et de la joie : de la tristesse, de ce que je quittois ces lieux saints, et de la joie, dans l'espérance que le Seigneur me feroit la grâce de revoir bientôt mes enfants, mes proches, mes amis et la patrie.

Nous eûmes toujours le vent assez bon jusqu'à Chypre, où nous arrivâmes le mercredi au soir. Je descendis à terre le jeudi 12 septembre au matin et je fus au couvent des Pères de la Terre-Sainte, où je demeurai, parce que notre vaisseau devoit demeurer quelques jours à Chypre pour des marchandises.

L'écrivain du vaisseau, qui étoit fils du capitaine qui étoit mort à Saint-Jean-d'Acre, mourut le second jour de notre arrivée ; un matelot mourut aussi quelques jours après. On les enterra avec autant de liberté que si nous eussions été dans un pays chrétien ; on les fut quérir avec la croix. Une grande partie de ceux qui étoient à l'enterrement avoient des cierges ; on fait même plus de cérémonies qu'en France. M. le Consul fit faire inventaire de ce qui pouvoit appartenir aux défunts, et en chargea le capitaine, afin que le tout fût rendu à leurs parents.

Presque tout l'équipage avoit été malade, et quelques-uns l'avoient été si dangereusement qu'ils avoient beaucoup de peine à se refaire. J'attribue leur maladie à leur peu de précautions et à leur peu de tempérance. Quand ils arrivèrent dans le Levant, ils trouvèrent les fruits excellents et, comme ils y sont à bon marché, ils en mangèrent autant que leur appétit le pouvoit permettre et peut-être même avec excès. Ce n'est pas de la manière dont on doit vivre, car si on doit manger de tout avec modération, à plus forte raison ne doit-on pas manger du fruit avec excès, qui, naturellement, n'est pas fort bon pour la santé dans ce pays. On doit ne sortir que le matin et le soir, à moins qu'il n'y ait beaucoup de nécessité.

Nous partîmes de Chypre le mercredi 2 octobre pendant la nuit ; le lendemain jeudi, le vent fut très grand et contraire, ce qui causa le mal de la mer à quelques-uns, dont je fus du nombre ; mais heureusement ma maladie ne dura pas longtemps : dès le lendemain je me portai assez bien. Quoique le vent fût toujours très fort, il continua jusqu'à la nuit du samedi.

Nous mangeâmes du pain frais pendant trois ou quatre jours, ensuite on nous servit du biscuit. Nous fûmes fort surpris de le voir plein de vers et comme couvert de petites coiffes d'araignée ; ce n'est pas qu'il fût trop vieux, car il n'y avoit guère plus de trois mois que le capitaine l'avoit acheté à Alexandrette, mais c'est qu'il avoit été mal fait. Je le mangeois un peu à contre-cœur dans le commencement, mais enfin mon appétit me le fit trouver bon dans la suite. Je m'y accoutumai fort bien ; nous ôtions les vers le mieux qu'il nous fut possible (1).

Le samedi et le dimanche, le vent s'apaisa un peu : nous eûmes un peu de relâche ; mais le lundi 7, la mer revint dans le même état. La mer étoit si grosse qu'elle faisoit frayeur à voir. Nous fîmes pendant tous ces jours beaucoup de chemin, et nous avancions très peu ; c'est que nous étions obligés, pour nous servir du vent, d'aller par bordée et de prendre des routes bien différentes de celles que nous aurions dû tenir naturellement : de manière que pour gagner 4 ou 5 lieues de notre chemin, nous étions quelquefois obligés d'en faire plus de 20 ou 30.

Les mardi, mercredi et jeudi, nous n'eûmes point de vent ; la mer devint calme comme un étang. La nuit du vendredi, le vent se leva ; il nous étoit assez bon. Il continua le samedi, dimanche, et le lundi nous passâmes assez proche les côtes d'Afrique, le vent et le courant nous y portant toujours, quoique nous fissions tous nos efforts pour aller du côté de l'île de Candie.

(1) Notre pèlerin, en homme vraiment apostolique et au-dessus des faiblesses humaines, n'a point pris, pour adoucir les rigueurs de la traversée, à l'aller comme au retour, les précautions conseillées par M. de Vergoncey pages 117 à 119, et qui consistent à faire provision de vin de Malvoisie, conserves de roses, sirop de citron, olives, oranges, julep, huile et vinaigre, fromage de Milan ou de Parme, saucisses, cervelas et « vne couple des plus gros iambons de Mayence qu'il « pourra recouurer ». (*Le noveau et dernier voyage de Iervsalem, faict par le commandement du Roy*, par M. de Vergoncey, Gentilhomme de sa chambre. Paris, M.DC.XXXIII, in-4°, pages 117, 118.)

Le mardi 15 octobre nous eûmes peu de vent, le mercredi encore moins. Le jeudi, des nuées, que les matelots appellent pompes (1), parce qu'elles tirent ordinairement une grande quantité d'eau, nous épouvantèrent, entre autres une qui s'approcha fort près de nous ; la manière dont elles courent et leur forme donnent de la frayeur. Nous eûmes recours à la prière, qui est le souverain remède contre les périls ; on dit dans ces occasions l'Évangile *In Principio erat Verbum* ou la Passion de Notre-Seigneur ; car les vaisseaux que ces sortes de nuées rencontrent sont dans le dernier péril.

Ce même jour, à force de tendre du côté de la Candie, nous nous trouvâmes sur le soir à trente ou quarante milles de cette île. Le vendredi et le samedi, nous la côtoyâmes sur le soir ; mais nous fîmes très peu de chemin parce que nous eûmes très peu de vent, encore nous fut-il presque toujours contraire. Le dimanche 20 octobre, il s'éleva sur le soir un très grand vent, qui continua la nuit suivante et le lundi ; mais comme il nous étoit contraire, tout le chemin que nous fîmes nous avançoit très peu.

Le mardi, un bon vent nous tira enfin de devant la Candie ; bientôt nous nous éloignâmes de cette île. Il y avoit du plaisir à voir, de dessus le gaillard, notre vaisseau fendre la mer émue par la violence du

(1) Trombes.

vent et passer au milieu des flots ; il couvroit d'écume ces ondes salées.

Ce temps si agréable ne dura guère, car, sur les onze heures de nuit, un coup de vent nous donna de terribles alarmes : notre vaisseau étoit presque sur le côté, ayant peine à résister au vent qui frappoit en flanc. La mer étoit fort grosse et il ne falloit que très peu de chose pour achever de nous perdre. Le grand bruit m'éveilla ; j'entendis d'abord le capitaine crier au timonier de mettre à la bande, c'est-à-dire de tirer le gouvernail d'un certain côté afin de redresser le vaisseau, et le timonier, qui l'avoit déjà fait, répondit qu'il y étoit. Le vaisseau cependant ne se redressant point, le capitaine lui crioit toujours de mettre à la bande. Ces paroles réitérées plusieurs fois, qui marquoient beaucoup de trouble, me donnèrent une grande crainte ; ce fut alors que je ne compris que trop que nous étions dans un grand péril : l'idée de la mort et d'un pitoyable naufrage saisit fortement mon esprit. La pluie, le tonnerre, le vent, qui souffloit terriblement, le bruit des matelots, augmentoient extrêmement ma frayeur. Je ressentis vivement ce péril, et je connus par expérience le triste état d'un homme qui se voit proche de la mort. Un de nos Pères prioit à haute voix le Seigneur, qui, seul, pouvoit nous délivrer de ce péril, et il nous fit la grâce qu'après un temps (que mon impatience trouva long) le vent cessât un peu.

C'est une grande foiblesse de se laisser abattre de

la sorte, car quoique dans ces sortes d'occasions un seul coup de mer ou quelque faute dans la manœuvre puisse achever de tout perdre, ces fautes, ces coups de mer peuvent aussi bien ne pas arriver; nous devrions en toutes sortes de rencontres être toujours résignés à la volonté de Dieu et recevoir tout ce qui nous arrive comme venant de sa main, puisque nous savons que le vent et la mer lui obéissent, et que les tempêtes ne font qu'exécuter ses ordres et ses volontés.

Notre capitaine promit alors que, s'il pouvoit arriver au port, il iroit à une église, qui est à une lieue de Livourne, dédiée à la Très-Sainte-Vierge, pour remercier le Seigneur par l'entremise de cette Vierge sacrée, et lui offriroit un tableau; il y eut une personne de l'équipage qui me dit qu'il iroit nu-pieds.

La Très-Sainte-Vierge est beaucoup révérée dans ce saint Lieu; tous les habitants du pays ne manquent guère, quand ils se trouvent dans quelque danger, d'y faire des vœux, et ils éprouvent aussi le secours de cette Mère de miséricorde, qui est la consolation des pauvres affligés et le refuge des pauvres Chrétiens.

Si le Seigneur me fait la grâce de vivre, j'espère avoir aussi l'honneur d'y aller, car je crois que c'est par son moyen et par son intercession toute-puissante que le Seigneur m'a délivré non seulement de ce péril, mais encore de plusieurs autres, tant dans ce voyage que dans d'autres circonstances de ma vie. J'ai résolu de faire présent dans une de ces chapelles d'un tableau avec un cadre doré, où sera représenté le triste état où nous nous trouvâmes réduits. Je prie cette Vierge sacrée d'agréer ce petit présent, de me tenir toujours sous sa protection, de m'obtenir de Dieu le pardon de mes péchés, la grâce de n'y plus retomber, d'en faire pénitence et de vivre chrétiennement, afin qu'après avoir servi et loué le souverain Juge pendant ma vie, je puisse mériter de chanter éternellement ses miséricordes et ses merveilles.

Le vent manqua le mercredi et le jeudi, mais le vendredi et le samedi nous eûmes un très beau temps : un bon vent uni, et qui nous fit faire beaucoup de chemin.

Le dimanche 27 octobre, le vent se tourna ponant et il devint très fort ; nous fûmes obligés d'aller par tramontane : ainsi, suivant cette route, 20 lieues ne nous avançoient que de 4 de notre chemin. Après-midi, nous nous trouvâmes encore plus mal. Étant contraints d'aller toujours par bordée, tantôt par le quart de vent de tramontane à grégo, tantôt par le vent de lebescke, alors nous n'avancions point de notre chemin, nous ne faisions que nous maintenir, heureux de ce que nous ne reculions point ; car le vent étoit très fort et presque tout à fait contraire.

Le lundi, fête de saint Simon et saint Jude, le vent se tourna si favorable à notre route qu'il nous donna l'espérance d'entrer bientôt à Malte ; il continua le mardi, et quelquefois si violent, qu'on fut obligé de plier une grande partie des voiles et de faire des ris à deux qui restoient.

Les matelots, qui sont obligés d'aller pendant le gros vent au haut des mâts et le long des vergues, pour faire des ris aux voiles ou pour les plier, ont une hardiesse qui étonne ceux qui les voient s'exposer de la sorte.

Nous nous trouvâmes, le mercredi au matin, proche de Malte, et le vent, qui continua bon, nous en éloigna en très peu de temps. Le jeudi, nous découvrîmes la Sicile, et quoique nous en fussions assez éloignés, nous voyions cependant la fumée sortir du mont Etna, si fameux par les feux qu'il jette quelquefois. Les poëtes ont feint que c'étoit là que Vulcain et les Cyclopes forgeoient les foudres de Jupiter, et ils rapportent quantité d'histoires fabuleuses, qu'ils disent être arrivées dans cette île. Le vendredi, fête de tous les Saints, nous la côtoyâmes ; le samedi, le vent nous fut très contraire et si fort qu'il nous fit appréhender quelque tempête. Il continua de même le dimanche. On fut obligé d'aller encore par bordée, afin de tâcher de gagner toujours un peu de chemin.

Nous passâmes, le lundi, par les petites îles de Marétimo, Favignana et Levenzo, qui sont à l'extrémité de la Sicile. Le mardi, la mer fut très grosse, et, sur les cinq heures du soir, nous fûmes surpris d'une tempête qui me donna beaucoup de frayeur. Notre capitaine avoit eu la précaution, voyant le temps qui se noircissoit, de faire plier les voiles, et on eut assez de peine d'en plier une qui restoit quand elle commença, à cause de la violence du vent. Nos matelots paraissoient assez tranquilles et assurés, et quoique ils nous dissent, aux Pères et à moi, qu'il n'y avoit rien à craindre, nous avions cependant une grande frayeur. Le vent souffloit avec tant de force que moi, qui n'étois pas accoutumé à de pareilles rencontres, je craignois à tout moment d'être englouti dans les profonds abîmes de cette mer agitée. Les flots couvroient avec tant de vitesse et de furie que leur vue remplissait d'effroi. La mer a quelque chose d'affreux en ces sortes d'occasions : on pourroit penser que ce sont les démons qui excitent le mouvement des flots, tant ils semblent avoir de rage et de fureur.

Un de nos Pères, le Crucifix à la main, lisoit tout haut les exorcismes et supplioit le Père des Miséricordes d'avoir compassion de nous. Nous implorâmes le secours de la Très-Sainte-Vierge, de tous les saints, et, environ une heure après, le vent s'étant apaisé, la mer se calma aussi ; elle ne paraissoit plus que comme une personne qui est revenue d'une grande colère et dans laquelle on ne voit plus qu'un peu d'émotion.

Nous eûmes, le mercredi, un très bon vent ; mais, sur les dix heures du matin, il s'éleva encore une tempête extrêmement forte; elle dura quatre ou cinq heures à trois ou quatre reprises. Oh! mon Dieu, si la mer en furie n'est qu'une légère idée de votre colère contre les pécheurs, que ne devrions-nous pas faire pour l'éviter?

Nous endurâmes encore, le jeudi, quelques coups de vent; mais, sur les dix heures du matin, ce temps si mauvais finit par la grâce du Seigneur. Nous avions découvert les côtes d'Italie, et le samedi nous nous trouvâmes assez proche de Monte Christi (1), qui n'est éloigné que d'environ cent milles de Livourne. Il ne nous falloit plus que très peu de temps pour y arriver. Si le vent ne se fût pas changé, nous avions le plus beau temps du monde, et nous le vîmes changer tout à coup en une tempête encore plus furieuse que celles que nous avions ressenties jusqu'alors; elle dura toute la nuit et ne finit que le dimanche sur les huit ou neuf heures du matin.

Extrêmement fatigué par cette tempête, je me retirai, trois ou quatre heures après qu'elle eut commencé, dans la Sainte-Barbe, lieu où je couchois ordinairement, afin de prendre un peu de repos; mais on ne m'y laissa pas longtemps. Une ou deux heures après, on me cria d'en haut de monter au plus vite. Je me levai d'abord, et passant près du gouvernail, j'aperçus le capitaine et presque tous les matelots

(1) La petite île de *Monte-Cristo*, rendue fameuse par le célèbre roman qui porte son nom.

autour, qui paroissoient très embarrassés. Je me souvins en ce moment de la parole qu'un matelot m'avoit souvent dite, que je ne devois point craindre pendant que je ne verrois qu'un homme au gouvernail, mais que quand j'y en verrois plusieurs j'aurois un juste sujet de crainte. Cette réflexion me toucha. J'entrai ensuite dans la chambre du capitaine, je trouvai nos Religieux dans une grande consternation; ils avoient allumé plusieurs bougies qui avoient été bénites sur le saint Sépulcre de Notre-Seigneur. Un d'eux tenoit la figure de la Très-Sainte-Vierge. Il me seroit difficile d'exprimer l'état où je me trouvai alors. Nous nous mîmes tous à genoux, nous chantâmes à haute voix les Litanies des Saints, nous récitâmes plusieurs autres prières, et, après une petite exhortation qu'un des religieux nous fit sur l'état présent, il récita le vœu que nous avions déjà fait, disant que : « Si le Seigneur nous faisoit la grâce de nous délivrer, nous irions à Monté Négro (1) visiter l'église de la Très-Sainte-Vierge, » ajoutant seulement que « chacun se confesseroit et communieroit. » Quoique son discours fût italien et espagnol, j'entendis cependant tout ce qu'il nous dit.

Les roulements de notre vaisseau étoient effroyables; cependant le capitaine dit depuis que nous ne nous étions trouvés en danger que parce que nous étions entre de petites îles, d'autant que notre vais-

(1) Monte Nero, près Livourne.

seau étoit le jouet des vents et des flots et pouvoit s'y aller briser pour peu que le vent se fût tourné. O mon Dieu, faites-moi la grâce que je me souvienne toute ma vie de ces temps fâcheux, me disais-je à moi-même, afin qu'ils me remettent dans l'idée l'obligation que j'ai de vous remercier, de publier votre bonté et votre grande miséricorde!

Le dimanche, ainsi que je l'ai déjà dit, le vent s'apaisa un peu sur les neuf heures du matin; mais la mer, qui avoit été fort agitée, fut longtemps à se calmer. Le lundi, nous eûmes un peu de relâche, et à peine, dans ces deux jours, pûmes-nous regagner le chemin que la tempête nous avoit fait perdre. Enfin, le mardi, nous découvrîmes Monté Négro. Nous saluâmes l'église de trois coups de canon, et nous chantâmes avec beaucoup de joie le *Salve Regina*. On se prépara ensuite à entrer dans la plage de Livourne avec un appareil triste, par rapport à la mort de l'ancien capitaine. Le pavillon étoit à demi renversé, et on tiroit de temps en temps des coups de canon d'une manière lugubre. Le Seigneur nous fit la grâce d'arriver heureusement. On jeta l'ancre sur le soir, et le lendemain nous fûmes à la consigne pour avoir la permission d'aller au lazaret afin de commencer notre quarantaine.

Quoique nous eussions des patentes très avantageuses, on nous fit cependant de grandes difficultés sur notre entrée à cause de ceux qui étoient morts. Le médecin de la santé vint visiter deux malades que nous avions encore à bord, et comme il y en avoit d'autres qui avoient encore des marques de leur maladie passée, toutes ces choses firent, je crois, qu'ils voulurent savoir le sentiment du Grand-Duc (1) avant de nous laisser entrer, et envoyèrent un homme en poste à Florence, afin d'apporter ses ordres.

On permit enfin, le 16 novembre, au capitaine de faire entrer le vaisseau dans le môle et à nous autres passagers d'aller au lazaret, où on nous conduisit sur le soir. On appelle lazaret le lieu où on fait quarantaine. Ce lieu est propre, vaste, tout environné d'eau; il y a plusieurs appartements où peuvent tenir un très grand nombre de personnes, de grands magasins où on porte les marchandises des vaisseaux, qui font plus de quarantaine que les hommes.

On trouve là ordinairement de plusieurs sortes de nation. On en voit qui pêchent à la ligne, d'autres qui se promènent; mais il faut se donner de garde de se toucher. Il y a deux chapelles : une où on dit la sainte Messe tous les dimanches et les fêtes, et l'autre est pour les prêtres qui sont en quarantaine; un de nos Religieux la disoit tous les jours, ce qui nous faisoit plaisir.

Il y a un logis où on vend du vin et de tout ce qui est nécessaire à la vie. On passe par une petite

(1) Ce Grand-Duc était alors Cosme III de Médicis (1670-1723), prince des moins recommandables, qui avait épousé, le 19 avril 1661, une princesse française, Marguerite-Louise d'Orléans, fille de Gaston d'Orléans et de Marguerite de Lorraine.

fenêtre tout ce que ceux qui sont en quarantaine achètent, et on n'a de communications avec eux que comme on en auroit avec des pestiférés. Toutes les lettres qu'ils ont apportées de leur voyage, celles mêmes qu'ils écrivent dans le lazaret, sont décachetées et parfumées avant qu'ils puissent les envoyer à la poste. Qui sortiroit avant le temps seroit condamné aux galères. Ils prennent toutes ces précautions à cause de la peste, qui est fort souvent dans le Levant, et ils augmentent ou diminuent le nombre des jours de la quarantaine selon l'état des pays d'où l'on vient et la description des personnes. On fixa la nôtre à quinze jours ; ainsi, le 1er décembre, nous entrâmes dans Livourne.

XX

A TRAVERS L'ITALIE : SIENNE, VITERBE, ROME

Livourne est dans la Toscane. Cette ville a peu d'étendue, mais elle est des plus agréables ; les rues y sont larges, droites et toujours très propres, pavées de larges pierres ; les maisons bien bâties, et, une grande partie, peintes par dehors, où sont représentées quantité d'histoires ; les églises y sont belles, riches. De dessus la place, on voit les deux portes. Elle est fermée de bonnes murailles de briques, de larges fossés pleins d'eau ; ses arsenaux sont très beaux. Le palais du grand Duc est très fort ; il est entre le môle et le petit port. Le petit port n'est que pour les galères. On y voit une très belle statue de fonte du duc Ferdinand (1), qui tient sous ses pieds quatre esclaves enchaînés. Le môle est grand et toujours rempli d'un très grand nombre de vaisseaux, de barques. Il y a dans cette ville beaucoup de riches marchands, beaucoup de Juifs, et son grand commerce y attire quantité d'étrangers.

Le 2 décembre, nous fûmes visiter l'église de Monté Négro, afin de nous acquitter de notre vœu. Cette église est magnifique ; elle appartient à des Pères habillés à peu près comme les Jésuites ; ils ont un petit toupet de barbe au menton. Leur couvent est bien bâti et presque sur le haut de la montagne. On voit dans cette sainte église un nombre presque infini de tableaux où sont représentés les périls où les personnes qui les ont donnés ont été préservées par l'intercession de la Très-Sainte-Vierge ; on nous montra son image, qui fut trouvée autrefois par un saint berger, d'une manière miraculeuse.

Je partis de Livourne, le mercredi 4 décembre, pour aller à Rome avec deux Religieux espagnols et

(1) Ferdinand Ier de Médicis (1587-1609), qui aida, par de généreux subsides, Henri IV à conquérir son royaume et l'empereur d'Allemagne Rodolphe II à repousser les Turcs.

deux Abbés de la même nation. Nous passâmes par Castel-Florentin, Ponte-Gibon, Stragin, et nous arrivâmes, le dimanche 8, à Sienne.

Sienne est une grande ville bien située ; les maisons y sont bâties de briques et cette même ville en est pavée. J'entendis la sainte Messe dans l'église des Jacobins, où on garde la tête de sainte Catherine. L'église cathédrale est magnifique, elle est toute bâtie de marbre ; son dôme est très beau et enrichi de belles peintures.

Nous passâmes ensuite par Lucignano, Buon-Convento, Torniery, la Seala, Ponte-Centino, Aqua-Pendente, Saint-Laurenzo, Bolsena, Monte-Fiascone, Viterbe. Toute cette route est fort agréable. On y voit beaucoup d'oliviers, de vignes qui sont dans les arbres, quantité de petites montagnes et de collines, de belles plaines, et ce pays paroît très fertile.

Viterbe est une ville considérable. On y voit de belles églises, plusieurs fontaines, de très beaux palais ; on y voit, dans l'église des Religieuses, le corps de sainte Rose dans une châsse fort riche ; son visage est comme celui d'une personne vivante, à la réserve qu'il est un peu noir. On la voit couchée de toute sa longueur, vêtue en religieuse. On donne ordinairement aux étrangers qui demandent à la voir un petit cordon qui a touché à ce saint corps.

Après avoir passé par Ronciglione, Sonstra, Montorosso, Bourguet, Montmare, nous arrivâmes le samedi 14 décembre à Rome (1).

Je ressentis un plaisir bien grand de me voir dans Rome, ville où tant de martyrs ont répandu leur sang pour la foi de Jésus-Christ, et où il y a une si grande quantité de saintes reliques. On sait que quoiqu'elle ait été détruite plusieurs fois, elle est cependant encore une des plus grandes et des plus belles villes du monde ; je crois même qu'on peut dire, sans exagération, qu'il n'y en a point où les églises soient si belles et si riches. On ne voit dans beaucoup que marbre précieux, que porphyre, que peintures exquises, que dorures ; l'esprit en est ravi d'admiration. La beauté et le grand nombre de fontaines et de jets d'eau que l'on voit dans les places, au coin des rues, y donnent encore de grands agréments. Les unes jettent de l'eau fort haut, les autres tombent en cascade ; là, c'est une source qui semble sortir d'un rocher ; dans un autre lieu, c'est une nappe d'eau. Véritablement, cette agréable diversité fait plaisir à voir.

Les palais y sont réguliers, on peut dire qu'ils sont presque tous des chefs-d'œuvre d'architecture. Là, on voit des ouvrages des plus habiles peintres et des habiles sculpteurs, des figures et des tableaux

(1) Notre pèlerin suit ici, comme pas à pas, l'itinéraire indiqué par Villamont, pages 39 à 43 et 293. (*Les Voyages du seigneur de Villamont, chevalier de l'ordre de Jérusalem*, etc. Dernière édition, à Lyon, chez Pierre Bernard, M.DC.XIII, in-12.)

inestimables. On y voit quantité de belles colonnes d'une grosseur et d'une hauteur prodigieuse, beaucoup de restes d'anciens bâtiments, qui font connoître ce qu'elle étoit autrefois dans le temps des empereurs romains. Il est vrai que, comme le circuit des murs est extrêmement grand, il n'y a pas des maisons partout, on y voit même des terres et des vignes; mais cela n'empêche pas qu'il y ait de belles et grandes rues où on rencontre toujours beaucoup de monde. On y voit quantité de boutiques de marchands bien garnies, beaucoup d'artisans et d'ouvriers de toutes sortes. Les maisons y sont bien bâties, élevées. On y admire encore la quantité des maisons religieuses, leur beauté, beaucoup de beaux bâtiments, de beaux jardins qui appartiennent à des cardinaux et autres personnes de conséquence. Mon dessein n'est pas de faire la description de cette belle ville, il y a tant de choses à remarquer qu'il faudroit y avoir été pendant plusieurs mois pour la connoître comme il faut; je me contenterai de donner une légère idée de plusieurs églises où j'ai été plusieurs fois et de quelques autres lieux que l'on voit le plus ordinairement.

Je commence par l'église de Saint-Pierre (1). La place qui est devant est très belle; elle est environnée

(1) L'Orléanais anonyme qui fit le voyage de Rome, en 1682, avec M. Rauault, donne une longue et excellente description de la basilique de Saint-Pierre (pages 60 à 75 du manuscrit original conservé dans la bibliothèque du grand Séminaire d'Orléans).

de deux galeries, qui lui donnent la forme d'un ovale. Ces galeries sont en plate-forme, sur lesquelles il y a plusieurs figures de saints. On voit aux extrémités de cet ovale deux belles fontaines, une de chaque côté ; elles jettent de l'eau fort haut, laquelle, tombant dans le bassin, forme une espèce de montagne d'eau. On remarque, à peu près dans le milieu de cette place, un obélisque qui est peut-être le plus magnifique qui soit dans le monde ; il est d'une seule pièce de marbre granité. On le dit haut de 80 pieds. Il est posé sur quatre lions de bronze, sur un piédestal de plus de quatre toises de hauteur.

Les degrés qu'il faut monter pour entrer en l'église de Saint-Pierre donnent encore de la beauté au bâtiment ; le portail a quelque chose de pompeux ; on dit qu'il a 144 pieds de hauteur. Les colonnes qui lui servent d'ornements sont d'une grosseur prodigieuse ; leur base a plus de 40 pieds de circonférence. On voit au-dessus de ce superbe portail la figure de Notre-Seigneur et celle des douze Apôtres.

Ce portail contient un grand vestibule pavé de marbre dont la voûte est dorée et enrichie de beaux ouvrages de sculpture. Les principales portes de l'église sont de bronze ; elles ont été faites par Antoine Florentin, excellent ouvrier, qui y a représenté plusieurs histoires en bas-relief. Le plan de l'édifice est pris sur la figure d'une croix dont la longueur est à peu près de 100 toises, celle de la traverse est de 66 toises ; le dôme est dans le milieu de la traverse; on dit qu'il a près de 330 pieds de hauteur. Il est si vaste et si grand qu'il ne paroît pas, à beaucoup près, être si élevé. Il y a de belles figures peintes à la mosaïque, faites par le chevalier Joseph d'Arpin. Tout y est beau, tout y est grand.

L'autel qui est sous le dôme, appelé la « Confession de saint Pierre », est tout simple; mais au-dessus il y a comme une manière de dais supporté par quatre colonnes d'une grande hauteur; elles sont torses, ornées de feuillage. Et tout cet ouvrage, qui est de bronze, est si bien travaillé qu'il passe pour un chef-d'œuvre.

Il faut entrer plusieurs fois dans cette sainte église pour en découvrir toutes les beautés, on ne peut pas les connoître d'abord. La voûte est dorée et enrichie d'ornements en relief, le pavé est de grandes pierres de marbre rangées avec beaucoup d'agrément. On y voit un très grand nombre de chapelles dont les tableaux ont été faits par les plus fameux peintres d'Italie; elles sont ornées de colonnes de marbre d'une beauté et d'une hauteur surprenantes: le porphyre et le marbre le plus précieux y ont été employés. On ne peut en donner de juste idée, car on ne peut pas bien faire connoître la beauté de la matière, ni la manière ingénieuse dont elle a été placée. On ne peut douter que ce qu'il y a eu de plus habiles gens dans la peinture, dans la sculpture et dans l'architecture n'aient travaillé à ce grand édifice.

On voit dans le fond de l'église la chaire de Saint-Pierre soutenue par quatre belles figures d'Anges, et au-dessus plusieurs figures d'Anges et de grands rayons. Cet ouvrage est fort estimé ; il est de la façon du chevalier Bernin. On voit encore plusieurs mausolées de Papes qui sont très magnifiques ; il y a des figures qu'on estime extraordinairement.

Outre le grand dôme, il y a encore huit ou dix autres dômes parfaitement beaux. Là, on voit des ouvrages de Michel-Ange et autres peintres fameux, et quoiqu'il y ait très longtemps que l'on travaille à cette sainte église, elle n'est cependant pas encore achevée. Pour en connoître bien la grandeur, il faut monter sur l'église et sur le dôme ; on est alors surpris de voir un si grand et si bel ouvrage. La pomme ou boule qui est sur le dôme, qui d'en bas ne paroît pas plus grosse qu'un boisseau, a bien près de 24 ou 25 pieds de circonférence. Les figures de Notre-Seigneur et des Apôtres, qui sont, ainsi que je l'ai déjà dit, sur le portail, ont 10 ou 12 pieds de hauteur.

Il y a de grandes Indulgences tous les jours pour ceux qui visitent cette sainte église, où on garde un grand nombre de saintes reliques, entre autres une grande partie des corps de saint Pierre et saint Paul, de saint Simon et saint Jude, de saint Jean Chrysostome, de saint Grégoire, pape, et de sainte Pétronille ; la tête de saint André, de saint Luc, de saint Sébastien, de saint Jacques le Mineur, de saint Thomas, évêque de Cantorbery, de saint Amand ; une épaule de saint Christophe, de saint Étienne ; le voile de sainte Véronique, où la face de Notre-Seigneur Jésus-Christ est empreinte ; le fer de la lance qui perça le sacré côté de Notre-Seigneur et autres reliques de saints et de saintes.

L'église de Saint-Jean-de-Latran est aussi très grande et belle ; elle a plus de six-vingts pas de long et fort large, ses ailes doubles. La nef est couverte d'un plafond, au lieu de voûte, mais qui est très riche et bien travaillé. On voit dans cette église de très belles peintures faites par le chevalier Joseph d'Arpin, Christophe Pomeran, André Côme, Antoine Tempesta ; on y voit des peintures à la mosaïque fort anciennes, de grandes figures en marbre de 10 à 12 pieds de hauteur qui paroissent toutes d'une pièce : elles représentent les Apôtres. Ces figures sont parfaitement bien travaillées.

On voit sur le dais de l'autel du Saint-Père la figure de Notre-Seigneur, qui parut miraculeusement à la dédicace de l'église. On y garde des habits de la Très-Sainte-Vierge, le linge avec lequel Notre-Seigneur essuya les pieds à ses Apôtres, le roseau dont il fut frappé, sa robe teinte de son sang précieux, le suaire qui lui fut mis sur le visage dans le sépulcre, de l'eau et du sang qui lui sortit du côté, la table où il fit la cène, l'arche d'alliance, la verge de Moïse, celle d'Aaron, la tête de saint Pancrace, des reliques de sainte Madeleine et autres saintes Reliques. Il y a de grandes Indulgences pour ceux qui visitent cette sainte église comme il faut.

On voit tout joignant Saint-Jean-de-Latran le baptistaire de Constantin : c'est un bâtiment octogone ; des colonnes de porphyre soutiennent le dôme par-dedans ; il est enrichi de belles peintures et de dorures. Le mur est aussi couvert de belles peintures qui représentent l'histoire de ce grand empereur. Il y a cinq chapelles, où sont les corps des saintes Ruffine et Seconde, de saint Cyprien, de sainte Justine, et autres saintes reliques. On y a gagne aussi beaucoup d'Indulgences.

On voit, à côté du palais de Saint-Jean-de-Latran, un bâtiment fort joli où est la Scala Sancta. Ce sont les degrés du palais de Pilate qui y ont été apportés de Jérusalem, que Notre-Seigneur monta et descendit après sa flagellation, et sur lesquels sans doute il tomba beaucoup de son sang précieux ; il y en a vingt-huit ; ils sont de marbre blanc et de 6 à 7 pieds de longueur. On les monte toujours à genoux, et il y a trois ans et trois quarantaines d'Indulgences à chaque degré pour ceux qui les montent avec la dévotion requise. On y trouve toujours un très grand nombre de personnes ; quelquefois il y en a tant qu'on a assez de peine à y monter.

Il y a au haut de ce saint escalier une chapelle appelée la Scala Sanctorum, par rapport aux saintes reliques qui y sont. On y voit le portrait de Notre-Seigneur, à l'âge de douze ans, enrichi de pierres précieuses ; on croit qu'il a été dessiné par saint Luc et fini par un Ange. Les femmes n'entrent jamais dans cette sainte chapelle ; elle est tapissée de velours rouge avec de belles franges d'or.

On voit dans la place de Saint-Jean-de-Latran un très grand obélisque, je le crois même encore plus haut que celui qui est devant Saint-Pierre, mais il n'est pas si beau ; il est couvert de caractères et de lettres égyptiennes. Il y a au bas du piédestal une petite fontaine.

Sainte-Marie-Majeur est encore une grande église où il y a beaucoup d'Indulgences. On voit des chapelles des plus belles et des plus magnifiques qu'il y ait, soit qu'on y considère le porphyre, le marbre et les autres pierres précieuses dont elles sont enrichies, soit qu'on y considère l'artifice et la délicatesse de l'ouvrage, la somptuosité de leurs dômes, la beauté des figures, des bas-reliefs et des autres ornements. On voit sur l'autel de l'une de ces chapelles, qui est à la droite, un beau tabernacle supporté par des Anges où repose le très Saint-Sacrement, et directement sous cet autel il y a une petite chapelle, dans laquelle on descend par deux escaliers, où on garde la crèche où Notre-Seigneur fut mis après sa naissance. Ce mystère y est représenté en marbre blanc.

On garde dans l'autre chapelle, qui est à la gauche, un tableau de la Très-Sainte-Vierge peint par saint Luc ; cette Image fut portée autrefois en procession par saint Grégoire, du temps d'une grande peste, qui cessa incontinent; on entendit même plusieurs voix en l'air qui chantoient *Regina Cœli*. On voit devant cette sainte église une colonne fort élevée, sur laquelle il y a la figure de la Sainte-Vierge, et, tout proche, une fontaine; derrière l'église, un obélisque qui étoit autrefois au mausolée d'Auguste.

Saint-Paul est à un milie de Rome. Cette église a été bâtie par Constantin-le-Grand; elle est belle et grande, ayant, je crois, plus de cent cinquante pas de longueur; quatre rangs de colonnes soutiennent la nef et les ailes. On voit, dans la croisée, l'autel du Saint-Père (1), où il y a une partie des corps de saint Pierre et de saint Paul. Cette sainte église appartient à des religieux. L'autel où ils font l'office est magnifique.

A environ un mille et demi ou deux milles plus loin, on trouve un monastère, l'église duquel est honorée des reliques de saint Vincent et de saint Anastase, et assez proche, dans le même enclos, il y a une chapelle appelée les Trois-Fontaines, parce que l'on tient que les trois fontaines qu'on y voit encore à présent sont sorties miraculeusement dans les mêmes lieux où la tête de saint Paul fit trois bonds après qu'elle eut été séparée de son corps.

(1) Le Pape alors régnant était S. S. Clément XI (J.-Fr. Albano), né à Pesaro en 1649, élu en 1700, mort en 1721, l'auteur de la fameuse constitution *Unigenitus*.

Sainte-Croix de Jérusalem, Saint-Laurent, Saint-Sébastien, sont encore de belles églises où il y a de grandes Indulgences; ces deux dernières sont hors de Rome. L'église de Saint-Laurent a été bâtie dans le lieu où étoit autrefois le cimetière de Cyriaçe, où un grand nombre de martyrs ont été enterrés; celle de Saint-Sébastien dans le cimetière de Calixte: on l'appelle ordinairement les Catacombes. Là, on voit des caves et des souterrains très vastes, où les Chrétiens se cachoient dans le temps des persécutions et où les saints martyrs sont enterrés. Pour peu qu'on demande aux religieux qui habitent cette sainte demeure d'y entrer, ils vous y font conduire. Il est défendu de rien emporter, sous peine d'excommunication, pas même d'y entrer. J'ai eu l'honneur d'y entrer une fois avec leur permission.

L'église du Saint-Nom-de-Jésus, qui appartient aux Pères Jésuites, est d'une très grande beauté. On y voit des peintures excellentes, principalement à la voûte. Il y a une chapelle qui coûte, à ce qu'on dit, cent mille écus. L'église du Collège romain, qui leur appartient encore, est aussi très grande et magnifique; ils en ont encore une autre, proche Montecavallo, petite à la vérité, mais qui est tout à fait agréable: on ne voit que marbre précieux, que dorures et que peintures.

Sainte-Marie-du-Portique, Saint-Charles, dans le Cours, Saint-Sylvestre, Saint-Marcel, Sainte-Cécile et quantité d'autres dont je ne sais pas les noms, sont toutes d'une grande beauté. Outre les belles peintures, on y voit de riches dorures, beaucoup de marbre, de porphyre et autres pierres rares.

Le Panthéon, qui étoit autrefois un temple dédié à tous les dieux, est un grand ouvrage ; il est présentement dédié à la Très-Sainte-Vierge; on l'appelle la Rotonde par rapport à sa rondeur. Il y a par le dedans de grandes colonnes de marbre d'une grande beauté, et de belles chapelles ; il n'y entre point d'autre lumière que par le haut du dôme, qui est tout à jour. Les portes sont d'une hauteur prodigieuse, couvertes de bronze ; le portique, qui est soutenu par des colonnes d'une grosseur et d'une hauteur extraordinaire, je les crois toutes d'une pièce.

On voit, dans Sainte-Marie-Transtiberina, le lieu d'où on prétend qu'il sortit une fontaine d'huile la nuit que Notre-Seigneur vint au monde.

Saint-Pierre-Montorio est une église bâtie sur une petite montagne et dans le lieu où saint Pierre a été crucifié. On voit dans la petite place qui est devant une très belle fontaine.

Saint-Jean-Calibite est une petite église assez jolie ; elle appartient aux Frères de la Charité. On voit tout proche celle de Saint-Bartholomée, où repose le corps de ce grand saint. L'église de Saint-Alexis est bâtie dans le lieu où étoit le palais de son père ; on voit encore une partie du degré sous lequel ce grand saint a fait une si austère pénitence.

Sainte-Marie-d'Ara-Cœli est sur le haut du mont Capitolin. On y monte par un grand escalier que l'on dit avoir cent vingt marches, car, pour moi, je n'ai pas eu la curiosité de les compter. On me montra, tout proche, la prison de saint Pierre et de saint Paul, qui est très profonde : on dit que c'est là qu'ils convertirent saint Procise et saint Martinien et plusieurs prisonniers, et que n'ayant point d'eau pour les baptiser, saint Pierre fit le signe de la croix sur la roche, d'où il sortit à l'instant une fontaine que l'on voit encore aujourd'hui.

L'église de l'hôpital de la Trinité, celle de Saint-Louis, qui appartient à la nation françoise, Notre-Dame-de-la-Minerve, Saint-Jacques-des-Espagnols, Sainte-Marie-Transpontive, Saint-Clément, sont encore assez belles. Mon dessein n'est pas de faire le détail de toutes les églises de Rome ; outre que c'est une chose que je ne pourrois pas faire, cela même seroit ennuyeux, car on tient qu'il y a quatre-vingt-douze paroisses, soixante-quatre maisons religieuses d'hommes et plus de quarante de filles, plus de trente hôpitaux, plus de cent Compagnies de pénitents et plusieurs collèges.

On voit, à Sainte-Praxède, la colonne où Notre-Seigneur a été flagellé et un puits dans lequel sainte Praxède jetoit le sang des martyrs qu'elle alloit ramassant dans Rome ; son corps est sous le grand autel. Il y a dans cette église beaucoup de saintes Reliques et de grandes Indulgences.

On ne voit partout pour ainsi dire que de belles églises, que de beaux ouvrages. La fontaine, qui est à peu près dans le milieu de la place Navonne, a été faite par le chevalier Bernin : c'est un grand rocher au haut duquel est un obélisque ; il y a, outre cela, quatre figures de géants couchés en partie sur ce rocher. Il sort de l'eau en grande abondance de ce rocher, par plusieurs endroits différents, d'une manière très belle et très naturelle. On voit dans le bas de ce rocher une caverne d'où un lion semble sortir pour boire, et, de l'autre côté, un cheval marin, et dans le bassin, qui est fort grand, on y voit des figures de gros poissons de mer.

Il y a une autre fontaine, au bout de cette place, qui a été faite par Michel-Ange Buonarotti, qui est encore plus estimée par rapport à l'aptitude de plusieurs figures qui jettent de l'eau fort haut. On en voit même, dans des maisons particulières, de fort belles.

On voit en beaucoup d'endroits de beaux restes de bâtiments, de portiques et de colonnes.

Le Colisée est un grand ouvrage : c'est un bâtiment tout rond, environné de belles galeries à plusieurs étages, les unes sur les autres et percées à jour, soutenues par un très grand nombre d'arcades et qui forment en dedans comme des degrés, depuis le bas jusqu'en haut, de manière qu'on dit qu'il y pouvoit tenir 190,000 hommes assis et qui pouvoient voir les spectacles qu'on représentoit. Dans la cour, un très grand nombre de saints y ont répandu leur sang pour la foi de Jésus-Christ; ils y ont été exposés aux bêtes les plus féroces. Quoiqu'on en ait ôté une grande partie des ornements, c'est cependant encore une chose très belle à voir. Il y a à présent dans la cour plusieurs croix et une petite chapelle de pénitents; c'est un grand plaisir de voir ce lieu, où on peut dire que le Diable triomphoit autrefois par tant de spectacles qu'on y représentoit, être changé maintenant en un lieu de pénitence et en un lieu consacré à la sainte Croix.

On voit, assez proche, l'arc de triomphe qui fut dressé à Constantin pour avoir vaincu le tyran Maxence; il y en a un autre, proche le Capitole, qui fut dressé à Septimus pour avoir vaincu les Parthes. On voit représentées en petits reliefs, sur ces deux ouvrages, les victoires de ces deux grands hommes.

Le Capitole est encore à présent assez beau. On y monte par un large escalier; on y voit une belle fontaine et, à peu près dans le milieu de la cour, la statue de bronze de Marc-Aurèle à cheval. On y voit des restes de figures antiques, deux pieds et deux têtes d'une grosseur extraordinaire.

On compte entre les plus beaux palais: celui du Vatican, de Montecavallo, de Latran; celui de Farnèse passe pour un chef-d'œuvre d'architecture, celui de Borghèse est encore fort estimé. On en estime encore beaucoup les jardins, qu'on appelle vignes; d'autres qu'on appelle maisons champêtres.

On voit devant la porte de Montecavallo deux figures de chevaux et les statues de deux hommes qui semblent les vouloir retenir; on dit qu'elles furent envoyées d'Égypte à Néron, et que ce sont des ouvrages de Phidias et de Praxitèle, deux excellents sculpteurs de l'antiquité.

La colonne Trajane et celle d'Antonin sont deux ouvrages admirables; on peut dire que c'est un effort de l'architecture. Les victoires de ces deux empereurs y sont représentées en bas-reliefs; elles sont faites avec tant d'art qu'on les croiroit toutes d'une pièce: on ne voit point les jointures des pierres. On dit que celle de Trajan a 128 pieds de hauteur avec un escalier en dedans de 192 degrés et 44 petites fenêtres pour y donner jour, et qu'elle n'est composée que de 24 pierres; celle d'Antonin, 165 pieds avec un escalier de 200 degrés et 56 fenêtres. Le pape Sixte-Quint a fait mettre sur la première la figure de saint Pierre, de bronze, dorée, et sur celle d'Antonin la figure de saint Paul.

Le 24 décembre, je fus à Sainte-Marie-Majeure pour entendre matines et la Messe de minuit, qui furent chantées en musique avec plusieurs instruments. On fut en procession dans une chapelle de la sacristie où la Sainte-Crèche avoit été mise, et on l'apporta sur l'autel où repose le très Saint-Sacrement; elle étoit portée sur un brancard par des ecclésiastiques; huit personnes portoient un riche dais, sous lequel elle étoit, tous les chanoines avoient des flambeaux de cire blanche, et la procession étoit précédée d'une compagnie de pénitents. On chanta ensuite la grand'-messe, et tout se fit avec beaucoup de pompe et de cérémonie. J'eus beaucoup de plaisir à voir la Sainte-Crèche, qui ne se voit, à ce que l'on me dit, que le jour de Noël.

Le dimanche dans l'octave, je fus à Sainte-Marie-Transtevère, où le Saint-Père devoit donner la bénédiction au peuple, et où il se faisoit une communion générale. On donnoit à tous ceux qui communioient une petite médaille pour marque de l'Indulgence plénière que le Pape leur accordoit pour l'heure de la mort. Je crois que plus de cinquante mille personnes y communièrent. Quoiqu'il y eût toujours quatre ou cinq prêtres qui donnassent à communier, on avoit cependant peine à en approcher à cause de la foule. On avoit dressé pour cela de longues tables dans la nef, et on voyoit dans les rues quantité de personnes qui y alloient et qui en revenoient.

Presque toutes les personnes qui viennent visiter les saints lieux de Rome vont à l'hôpital de la Trinité ; tous les soirs on fait une exhortation aux pèlerins. Le premier jour, on leur lave les pieds ; ils gagnent alors l'Indulgence, et, après y avoir soupé quatre fois, on leur donne un billet pour aller à la table du Saint-Père, où tous les jours il donne à dîner à treize pèlerins ; quand il n'y en a pas, on prend d'autres personnes. On y est servi en vaisselle d'argent et par des ecclésiastiques. On donne, à la fin du repas, un petit pain bénit et une médaille pour marque de l'Indulgence plénière que le Pape leur accorde à chacun à l'heure de la mort, pourvu que l'on soit dans de bonnes dispositions. Je fus ensuite à Saint-Louis, où on peut rester trois jours; quoique j'y eusse été traité avec beaucoup de charité, je n'y allai cependant qu'une fois, parce que je trouvai une petite chambre à louer, où je me retirai avec un abbé espagnol. Je passais la journée à visiter toutes les saintes églises dont j'ai déjà parlé, où il y a de si grandes Indulgences, et je ne venois le plus souvent, dans notre petite chambre, que le soir.

XXI

ASSISE, LORETTE, PÉROUSE, FLORENCE, PISE

Comme je voulois visiter Notre-Dame-de-Lorette et Saint-François-d'Assise, mon patron, je partis de cette sainte ville, avec un pèlerin françois fort honnête homme, le 15 janvier 1716. Je priai des personnes de me faire tenir à Livourne les lettres que j'espérois recevoir de France, afin d'être prêt ou de retourner en France si j'y étois nécessaire, ou de retourner à Rome pour tâcher de mettre à exécution le dessein que je n'avois pu exécuter dans la Terre-Sainte.

Nous fûmes coucher à Castel-Novo; le 16, à Civita-Castellana; le 17, à Narny. Nous quittâmes là le chemin ordinaire pour aller dans l'Ombrie (1), afin de passer à Saint-François. Le 18, nous arrivâmes à Aqua-Spars (2); nous y séjournâmes à cause du dimanche, et, quoique ce ne fût qu'un bourg, on y fit très bien le service : on y chanta la grand'messe avec l'orgue; après vêpres, on récita le Rosaire et on chanta des Cantiques, en l'honneur des cinq plaies de N.-S. Jésus-Christ, d'une manière très pieuse et très édifiante.

Nous ne pûmes aller le lendemain qu'à Massa, et nous étions tout mouillés quand nous y arrivâmes. Le 21, nous fûmes coucher à Montefalco.

Montefalco est une très petite ville, qui n'est célèbre que par rapport à un couvent de Religieuses qui gardent dans leur église le corps de sainte Claire. Nous la fûmes voir le même jour; elle est dans une belle châsse toute de sa longueur; son visage est couvert d'un voile, ses mains seulement sont découvertes. On nous montra son cœur, dans lequel on a trouvé un Christ très bien formé, des verges et les autres instruments de la Passion de Notre-Seigneur; trois petites boules qui représentent parfaitement bien le mystère de la Très-Sainte-Trinité : elles sont d'une

(1) A partir de ce moment, l'itinéraire de Turpetin devient absolument personnel et sort des routes généralement suivies.

(2) Acquasparta.

égale pesanteur, et quand on en met deux d'un côté, les deux ne pèsent pas plus qu'une. Tout cela est enchâssé dans une belle croix d'argent, et son cœur dans une figure d'argent à demi-corps qui représente cette grande sainte. On donne à chaque personne qui demande à la voir un peu de linge qui a touché au corps de cette grande sainte et trois petites graines d'un arbre que l'on tient être venu miraculeusement. Nous fûmes coucher, le 22, à Foligny, et le 23, à Assise.

Nous vîmes, à un mille d'Assise, Sainte-Marie-de-Portionculle (1) : c'est une très belle église, grande; elle n'a guère moins de six-vingts pas de long; elle est ornée de plusieurs belles chapelles, de peintures exquises. On voit, sous le dôme qui est dans le milieu de la croisée, la petite chapelle où Notre-Seigneur et la Très-Sainte-Vierge apparurent à saint François; c'est un lieu très dévot où il y a tous les jours Indulgence plénière. Le couvent est un des plus beaux de l'ordre, ce sont des Cordeliers de l'Observance. Un religieux françois qui nous le fit voir nous dit qu'ils étoient cent cinquante religieux, et qu'il y avoit bien près de quatre cents lits, afin de loger les religieux étrangers, les prélats, les prêtres et autres personnes de conséquence, qui viennent en

(1) Sainte-Marie-de-la-Porticella, en latin *Portioncula*, en italien *la Madona de gli Angeli*. (Nicolas Bénard, *Le Voyage de Hiervsalem et autres lieux de la Terre-Sainte*, etc., page 541. A Paris, 1621, in-12.)

de certains temps; il y a même un bâtiment dehors pour mettre les dames de qualité. L'office s'y fait avec beaucoup de piété et de pompe. On nous montra le lieu où saint François se coucha tout nu dans les épines pour vaincre une tentation qu'il avoit de retourner dans le monde. On conserve encore de ces rosiers, que les religieux ont soin de transplanter et de renouveler tous les ans; de temps en temps, on en donne des roses et des feuilles à ceux qui en demandent.

Nous arrivâmes au couvent de Saint-François, à Assise (1), un peu devant complies, qui furent chantées en musique; les religieux firent ensuite la procession d'une manière tout à fait édifiante. On ressent dans ce saint lieu de grandes consolations. Le corps de saint François est dans une voûte sous le grand autel, et on dit que personne ne le peut voir. L'église est de médiocre grandeur, mais fort ancienne, obscure, basse, parce qu'il y a une autre église dessus. Il y a des confesseurs de plusieurs nations comme à Rome et à Lorette, ce qui donne la facilité aux voyageurs d'y faire leurs dévotions. A l'égard des religieux, ce sont, je crois, de grands Cordeliers.

La ville d'Assise est de médiocre grandeur, située sur le penchant d'une montagne, les rues hautes

(1) Le nombre des pèlerins de Jérusalem qui se détournaient pour visiter Assise à leur retour est assez restreint; nous ne pouvons guère citer que Nicolas Bénard, pages 539 à 544.

et basses et peu droites, mais les environs sont très agréables. Nous en partîmes sur les dix à onze heures du matin ; nous passâmes à Saint-Damien, qui est une église que saint François a bâtie. Il exécuta, étant pauvre, ce qu'il n'avoit pu exécuter étant riche. Je crois que c'est à présent un couvent de Récollets.

Nous fûmes coucher le soir, pour la seconde fois, à Foligny ; cette ville paroît assez marchande. On dit qu'il y a huit paroisses, douze couvents de religieuses et autant de religieux, plusieurs hôpitaux. Le 25, nous fûmes coucher à Seravalle (1), où nous restâmes le dimanche ; le 27, nous arrivâmes à Tollentin, célèbre par les reliques de saint Nicolas (2). L'église où repose son corps est assez belle ; on y donne de petits pains que l'on mange par dévotion quand on est malade pour être soulagé. Nous fûmes coucher, le 28, à Racanatte (3) et, le 29, sur les neuf à

(1) « Le jeudy 12, nous passâmes par la Muccia, à trois milles, et dela à Serrauallc six milles ; le lieu est enfermé de précipices et de montaignes, d'une desquelles il descend deleau qui fait un effet assez agréable à la ueüe. » (Pages 52, 53 du *Voyage à Rome* de l'anonyme Orléanais.)

(2) Curieux détails sur les reliques de saint Nicolas dans le *Voyage à Rome* de l'anonyme Orléanais, page 51.

(3) « Le lundy 9, parti de Lorette par un assez mauvais temps, passé par la petite uille de *Recanati, Recinetum*, bastie par l'empereur Heluius Pertinax, ce qui la fit appeller autrefois *Heluia vicina*. C'est la capitale de la Marche d'Ancone pour le Gouuernement et la iustice. On uoit dans le Dôme le tombeau de Gregoire douze, qui, pour le bien de la paix, se démit genereusement du pontificat dans le concile de Constance. » (Page 41 du *Voyage à Rome* de l'anonyme Orléanais.)

dix heures du matin, nous arrivâmes à Notre-Dame-de-Lorette.

Quoique nous ayons presque toujours été dans la neige, nous découvrions cependant que la plupart de ces pays sont très fertiles ; ce ne sont que des montagnes, des collines, mais il y a quantité d'endroits fort agréables. On y voit beaucoup de vignes, beaucoup d'oliviers, des torrents qui tombent en cascade avec grand bruit, des fontaines ; on y remarque des lieux tout à fait charmants.

Lorette (1) est une petite ville située sur une colline,

(1) Nous croyons devoir, vu son intérêt, insérer en note la curieuse et savante description de Notre-Dame-de-Lorette donnée, pages 46 à 51, par l'anonyme Orléanais déjà mentionné et qui fit, en 1682, le voyage de Rome avec M. Rauault (Manuscrit de la bibliothèque du grand Séminaire d'Orléans) :

« Lorette (*Loretta*) est une uille de la Marche d'Ancone, autrefois le pais des picenes, d'une grandeur médiocre, assez bien fortifiée, et accompagnée de beaux fausbourgs. Elle est sur une petite montagne, et a tiré son nom d'un petit bois de lauriers, qui y estoit autrefois. Elle ne compose qu'un mesme Euesché auec la uille de Macerata, et n'est habitée que par des merciers de Chapelets et de médailles, et des artisans. Il y a une belle fontaine proche la porte de la uille et une autre encore plus belle dans la place deuant l'Eglise, qui est grande et bien bastie et fortifiée par les dehors comme seroit un chasteau de deffence. On la fait exprez, pour la conseruer de l'irruption des Turcs qui pouraient descendre dans ce pais la, comme ils ont tenté autrefois attirez par le désir du pillage du tresor de cette Eglise. Deuant sa principalle porte on uoit la statue en bronse de Sixte Cinq. Les portes de l'Eglise sont de bronse auec des reliefs merueilleux des histoires de l'ancien testament, la nef est grande et belle remplie tout le long de confessionnaux, ou sont presque pendant tout le iour des confesseurs Jesuites pour toutes les langues.

« La Chambre de la sainte Uierge, que lon appelle Santa Casa, à une demi-lieue du golfe de Venise; elle est fermée de bonnes murailles, et la sainte Maison de Nazareth

est au dessous du dome au milieu du coeur de l'Eglise. Les chanoines font leur office dans une chapelle a main droitte, uis à uis la Santa Casa qui est enfermée de murailles de marbre qui ne touchent nullement à la brique de la muraille de la Santa Casa, afin que lon ne croie pas que l'on y ait mis ce marbre pour luy donner du soutien. Il est orné de trez belles statues, dont dix représentent dix prophètes, et les autres les Sibylles en cette manière. Deuant l'autel de l'Annonciade on uoit l'Annonciation, et la fenestre de la Santa Casa, la uisitation de la Uierge en bas relief. Et saint Joseph auec Nostre Dame en Betleem. A main droite la statue de la Sibylle libique, et celle du prophete Jeremie. A main gauche celle de la Sibylle delphique et du prophete Ezechiel. Du costé du septentrion sont les Espousailles de la Uierge auec saint Joseph, la naissance de la sainte Uierge, et la representation d'un enfant auec un chien qu'une femme regarde en souriant, les statues de la Sibylle phrygie et du prophete Daniel, de la Sibylle tiburtine et du prophete Amos en habit de berger, de la Sibylle hellespontique et du prophete Isaie. Du costé du midi sont en bas reliefs representez la natiuité de nostre Seigneur et l'adoration des Mages. L'on y uoit les statues de la Sibylle Cumée et du prophete Dauid, de la Sibylle erythrée et du prophete Zacharie, de la Sibylle delphique et du prophete Malachie. Du costé de l'orient, l'on uoit le passage de la Uierge, et les differens transports de la Santa Casa, les statues de la Sibylle Samie et du prophete Moyse, celle de la Sibylle cumée et du prophete Balaam. Les belles colonnes et le dessein de tout l'ouurage fait bien connoistre qu'il est de la main d'un excellent ouurier, aussi est-ce le fameux sculpteur Sansouin qui l'a trauaillé, et les Papes Leon dix, Clement sept et Paul trois qui l'ont fait faire. Il y a tout autour des histoires en bas reliefs de la uie de nostre Seigneur que lon ne se lasse point de uoir. Des quatre portes qui y sont il y en a deux qui ouurent dans la Santa Casa, et ordinairement on entre par l'une et lon sort par l'autre; des deux autres portes l'une fait entrer derrière l'autel, à l'endroit où est la statue de la Uierge, et lautre est une fausse porte qui ne souure point. Audessus de ses quatre portes il y a quatre inscriptions, que i'ay pris afin de faire icy la description de la Santa Casa la plus exacte que ie pourois. Sur la porte à main droite, du costé de la chapelle des chanoines, sont escrits ces deux uers :

y attire tous les jours un très grand nombre d'étrangers. Cette sainte Maison fut transportée d'abord de

Nullus in orbe locus prælucet sanctior isto,
Quâquè cadit tytan, quâquè resurgit aquis.

A la seconde porte du mesme costé :

Sanctior hæc ædes quid ni sacra principe petro
uerbum ubi conceptum, nataquè Virgo parens.

De l'autre costé où est la salle du tresor, sur la porte qui entre dans la Santa Casa :

Illotus timeat quicumquè intrare sacellum.
in terris nullum sanctius orbis habet.

Et à la quatriesme porte :

Templa alibi posuere patres, sed sanctius istud
Angelicæ hic turmæ, uirgo deusquè locant.

« On lit encore une belle et longue inscription derriere cette enceinte de marbre, qui apprend aux Estrangers auant d'entrer dans la Santa Casa l'histoire de son transport par les Anges, du premier lieu ou elle estoit, iusques à Lorette. Elle est curieuse et dit beaucoup de choses en peu de mots, la uoilcy :

« *Christiane hospes, qui pietatis uotiquè causâ huc aduenisti, sacram Lauretanam ædem uides, diuinis Mysteriis et Miraculorum gloriâ toto orbe terrarum uenerabilem. Hic sanctissima dei genitrix Maria in lucem edita : hic ab Angelo salutata. Hic æterni Dei uerbum Caro factum est. Istam Angeli primum â Palestinâ ad Illiricum adduxere ad Tirsactum oppidum anno salutis M.CC.XC.I. Niceph. IIII° summo Pontifice. Posteâ initio pontificatus Bonifacii Octaui in Picenum translata propè Recinatam urbem in huius Collis urnam eâdem Angelorum operâ Collocata. Ubi loco infrâ anni spatium commutato. Hic postremo sedem diuinitus fixit anno abhinc trecentesimo. Ex eo tempore tum stupendæ rei nouitate uicinis populis ad admirationem Commotis, tum deinceps Miraculorum famâ longè latèque propagatâ sancta hæc domus magnam apud omnes Gentes uenerationem habuit, Cuius parietes nullis fundamentis innixi post tot sæculorum ætates integri stabilesquè permanent. Clemens papa Septimus illam marmoreo ornatu circumquaquè conuestiuit anno Domini M.D.XXV. Clemens octauus pontifex maximus breuem admirandæ translationis historiam in hoc*

Nazareth en Dalmatie (on voit encore à Nazareth la place où elle étoit); quelque temps après, elle fut

lapide inscribi iussit, anno domini M.D.XC.V. Antonius Maria Gallus S. E. R. Præsb. Cardinalis et Episcopus Auximi domus protector faciundum curauit. Tu, piè hospes, reginam Angelorum et Matrem Gratiarum hic Religiosè uenerare, ut ipsius meritis et precibus à Dulcissimo Filio vitæ authore et peccatorum ueniam et corporis salutem, et æterna Gaudia consequaris.

« La Santa Casa, que le contour de marbre enferme, est une chambre longue d'enuiron trente pieds, et large de quinse, un peu plus haute que large. Les murailles sont de grosses briques de l'espaisseur de pres de cinq pouces, bien cimentées, il y a neammoins quelques briques qui semblent se uouloir laisser aller. L'ancien plancher ny est plus, on en a mis un autre, pour esuiter le danger du feu, l'autre estant tout sec et mangé de uers. Il y a un autel sur lequel on dit des messes tout le matin. Il a un deuant d'autel tout de porfire et de pierres precieuses. Derrière cet autel on uoit la statue de la Uierge qui tient son Fils entre ses bras. Elle n'est que de bois, mais le lieu où elle repose est enrichi de tous costez de perles, de diamans et dautres pierres précieuses, auec des dons si superbes et si magnifiques qu'il seroit trez difficilie d'estimer un si grand tresor. Dans les iours solemnels la statue de la sainte Uierge est ornée d'une robe parsemée tout de perles et de diamans trez fins. C'est un don de l'infante Isabelle, estimé quarante quatre mil escus. Au dessus de la couronne il y a une esmeraude de la grosseur d'un oeuf, et le plus gros diamant que l'on puisse uoir. Entre les presens des princes, iy ai remarqué un enfant nouueau né dor qu'un Ange dargent tient entre ses bras. Cest un uœu de la deffunte Reine Mere Anne d'autriche, que cette princesse fit à nostre Dame de Lorette pour la naissance de Louis quatorse. Sur un pied destail où l'ange est à genoux, on lit ces paroles :

Acceptum à uirgine Delphinem, Gallia Uirgini Reddit.

A costé de la Uierge se uoient deux couronnes d'or que la mesme Reine a donnée. Alentour du cercle de la plus grande il y a ces paroles :

Nunc mea iam tua corona erit.

transportée en Italie et changée deux ou trois fois avant que d'être où elle est présentement. Plusieurs

Autour de la petite ie lus ces mots :

Sceptra dedit Christus, nunc reddo Coronam.

« Nous fismes le dimanche nos deuotions, aprez quoy nous fusmes uoir la grande Sacristie du tresor, ou dans differentes armoires on uoit les plus riches presens du monde. Il est certain que dans toute l'Europe il n'y a pas un lieu ou lon montre tant de richesses ensemble. Ce sont des presens de Roys, Reines et Princesses qui ont enuoié ces riches dons à Lorette par la deuotion qu'ils portoient à la mere de dieu. Comme c'est le plus riche tresor de l'Europe ie tascheray à en descrire icy la plus grande partie, et de rapporter le nom des Princes qui ont fait ces dons, afin d'auoir le plaisir de m'en souuenir en lisant ces memoires. Celuy qui montre le tresor nous fit remarquer premierement une Colombe d'or emaillée auec une double couronne de la mesme matiere, enrichie de diamans. Cest un present du prince Panphile, neueu d'Innocent dix.

« Un Aigle d'or chargé de diamans, estimé trente mil escus, don de Marie, Reine de Hongrie, de la Maison d'Autriche.

« Ensuite on montre un Coeur d'or d'une grosseur considerable, il est dans la seconde armoire, sur lequel au dessus d'un costé on lit les mots : « Iesus » et de lautre : « Maria ». Ce Coeur se fend en deux parties, d'un costé est le portrait de la uierge, et de l'autre celuy de la reine d'Angleterre qui luy presente son cœur. Il a esté donné par la mesme princesse.

« Un Liure donné par un duc de Bauiere, charge sur la couuerture de riches diamans, et dans le dedans sont des Migniatures d'une excellente beauté.

« Des Yeux et un Coeur que la duchesse de Sauoye a donné.

« Un autre Coeur d'or enrichi de Diamans, et au milieu il y a une esmeraude fort grosse. C'est un present d'Henry trois, Roy de France et de Pologne, à son retour en France.

« Ensuite on uoit une Custode de lapis enrichie d'or et une fleur de lis au dessus, don d'une Chancelliere de Pologne, qui enuoia aussi tout l'habillement d'un prestre, un deuant d'autel chargé de grosses perles, une Chasuble, trois grands chandeliers, une esguiere, deux burettes, un bassin, le tout d'ambre.

Papes ont fait travailler à l'église, qui est la seule, à ce que l'on m'a dit, où il soit permis de célébrer le

« Une Chappe couuerte de diamans, donnée par Isabelle, infante d'Espagne.

« Une perle d'une grosseur extraordinaire, où est naturellement imprimée l'image de la Uierge. C'est une des belles pieces qui se uoient dans ce tresor.

« Deux beaux diamans, dont l'un a esté donné par un Seigneur allemant, et l'autre par un Doria de Gennes.

« La Couronne et le Sceptre d'or enrichi de diamans, dont la reine Christine de Suede a fait present à la Sainte uierge depuis sa Conuersion.

« Un Seruice entier de Lapis, esguiere, burettes et chandeliers, donné par le Comte d'Oliuarez.

« Un Seruice de Corail donné par l'Archiduc Leopold.

« Une grande quantité de chappes tres riches, dont il y en a de toile dor et dargent semées de perles et de diamans.

« Deux couronnes, une grande et une petite, enrichies de perles, données par une Reine de Pologne.

« Deux Couronnes entourées de perles, present de l'Archiduchesse d'Autriche.

« Une Croix d'or où il y a cinq gros Rubis, présentée par une Duchesse de Neuers.

« Il y a dans deux armoires et sur un autel un tres grand nombre de lampes, croix et grands chandeliers d'argent. Dans d'autres armoires, l'on uoit une grosse Bastille d'argent que Monsieur le Prince a donnée à la sainte Vierge de Lorette en action de grace aprez estre sorti de la Bastille.

« Il y a encore des representations toutes d'argent de plusieurs uilles et principallement de celles de Milan, de Bologne, de Ferrare, de Famagolta en Sauoye, de Nancy en Lorraine, de Taberne en Alsace. L'Estat de Montealto, d'Ascoli, de Fermo, de Recanati et de la uille d'Ancone. Ce sont ces uilles la qui ont enuoié ces presens à Lorette. On uoit encore dans la petite sacristie une si grande quantité d'argenterie à l'usage de l'Eglise, qu'elle peut passer pour un troisiesme tresor. Ie uis aussi dans la place deuant leglise la Maison de L'apotiquairerie, dans laquelle on uoit en grand nombre de trez beaux pots de fayence peints de la main de Raphael durbin, qui les a donné. Il saint Sacrifice de la Messe, quoiqu'il y ait plusieurs couvents dans la ville; aussi je crois qu'il n'y a point d'église dans le monde où il se dise tous les jours tant de messes, car, outre les chanoines et les religieux, il y a quantité de chapelains et de prêtres.

L'église est grande et belle, ornée de plusieurs chapelles. On y voit dans le milieu de la croisée un très beau dôme enrichi de peintures exquises, sous lequel est la sainte Maison de la Sainte-Vierge, dont on a fait une chapelle qui peut avoir 5 à 6 toises de longueur, 3 de largeur, sur environ 4 de hauteur; elle est revêtue par dehors de marbre blanc : c'est un ouvrage digne d'admiration. On y voit plusieurs belles fontaines, quantité de moulures et autres ornements; tout cela placé avec beaucoup d'art. On y

a peint sur une partie des histoires de la sainte Escriture, et dessus l'autre partie sont representées plusieurs fables, mais d'une si excellente maniere, que quoy qu'il y ait plus de six uing ans que l'on fait seruir ces pots tous les iours, le coloris en est encore uif, et d'une beauté à charmer. Ils disent à Lorette qu'un duc de Florence en a uoulu donner autant pesant d'argent que ces pots se trouueroient peser. Ie pris grand plaisir à uoir une eaue d'une profondeur extraordinaire dessous le chasteau où demeurent les penitentiers, dans laquelle il y a sept ou huit cauereaux, ou sont arrengées plus de cent tonnes de toutes sortes de bons uins, qui tiennent du moins bien huict tonneaux de uin chacune; il y en a de moindres. Ie demanday ce que l'on uouloit faire d'une si grande quantité de uin, qui seroit suffisante de fournir plusieurs iours toute la uille, on me dit qu'elle se consommoit toute pendant le cours de l'année, et que le gouuerneur de la uille, les chanoines, et les penitentiers, et autres ecclesiastiques qui seruent à l'Eglise se fournissoient dans ces caues du uin qui leur estoit necessaire.

voit, représentés en bas-reliefs, dans l'intervalle des colonnes et des figures, le mariage de la Très-Sainte-Vierge avec saint Joseph, la visite qu'elle rendit à sainte Élisabeth, la naissance de N.-S. Jésus-Christ, les hommages que lui rendirent les Pasteurs, l'adoration des Rois, et quelques autres histoires, d'un travail si délicat et si beau qu'on ne se lasse point de l'admirer. On voit par le dedans de cette sainte Maison qu'elle est bâtie en briques et très simplement; on a souvent peine à y entrer tant il y a de monde. Quelle joie ne doit-on pas ressentir dans ce lieu sacré, lieu où N.-S. Jésus-Christ a passé une grande partie de sa vie; car cette sainte Chambre faisoit une grande partie du logis de la Très-Sainte-Vierge. On y a trouvé un plat et une écuelle qui, quoique de terre, sont plus précieux mille fois que l'or et l'argent. On voit encore dans le fond de cette sainte Chambre, au-dessous de la figure de Notre-Seigneur et de la Très-Sainte-Vierge, une petite cheminée. On voit chacun baiser les murailles de ce saint Lieu, et plusieurs pousser des soupirs et donner des marques d'une grande dévotion.

Les figures de Notre-Seigneur et de la Très-Sainte-Vierge sont enrichies de diamants et autres pierres précieuses. Ce lieu saint est rempli de lampes d'or et autres pierres précieuses qui ont été données par des Rois et par des Princes. On y voit quantité de petites figures d'enfants : les unes d'or, les autres d'argent, beaucoup de tableaux d'argent et de figures d'anges. Il y a un Christ, que l'on croit avoir été peint par saint Luc, que l'on ôta une fois pour mettre ailleurs; mais on le retrouva le matin dans le lieu où on l'avoit ôté, et qui y est encore à présent.

Pour parler du trésor, il faudroit connoître la valeur d'un si grand nombre de diamants, d'émeraudes, de rubis, de perles et autres pierres précieuses qui y sont. On y voit des calices d'or, des soleils, des vases, des ornements magnifiques; ce sont des présents des Empereurs, des Rois, des Princes et autres personnes de qualité. On dit que ce trésor est un des plus riches qui soient au monde.

Quelques jours avant de partir de Lorette, nous fûmes à un petit bourg, situé sur le golfe de Venise, nommé Sirol (1), qui en est éloigné de cinq milles, pour voir un Christ que l'on tient avoir été apporté

(1) L'anonyme Orléanais, dans son voyage à Rome, pages 45, 46, parle en ces termes de cette petite ville : « Le samedi 7, passé par Sirolo à cinq milles, pour contenter la curiosité de Monsieur Rauault, qui uouloit uoir un ancien Crucifix, qui sy montre, parce qu'il auoit leu ce prouerbe italien : *Chi va à Loreto, e non a Sirolo uede la madre, ma non uede il figliuolo.* » Mais ny luy ny moi ne fusmes pas fort satisfaits de cette ueüe, qui n'a rien qui doiue obliger les uoyageurs à prendre exprez ce detour. Il y a neammoins dans ce petit bourg un Couuent de Cordeliers, ou nous uismes dans le iardin de tres beaux et grands orengers en pleine terre et en espalier chargez d'une quantité extraordinaire de fruits. » (Pages 45, 46; conf. Nicolas Bénard, *Le Voyage de Hierusalem*, etc., pages 551, 552)

miraculeusement de Jérusalem par les Anges. Nous revînmes coucher à Lorette, d'où nous partîmes le 5 février. Nous repassâmes par Assise, par Notre-Dame-de-Portioncullle ; là, nous prîmes la route de Pérouse, où nous arrivâmes le 9 ou le 10.

Pérouse est une ville considérable, grande, bien marchande, dans une très belle situation. On garde dans la cathédrale un voile de la Très-Sainte-Vierge et l'anneau que lui donna saint Joseph. Elle est encore célèbre par ses collèges et son Université (1).

Nous en partîmes le 11 de février et, après avoir passé par Traicelle, Sinnague, qui est sur le lac de Pérouse, Castiglione, Florentin, Pontochine et quelques autres lieux, nous arrivâmes, le 15, à Florence.

La beauté du temps et du pays nous donna beaucoup de plaisir. Une grande partie des chemins sont bordés d'arbres et de treilles ; beaucoup sont tirés à droite ligne. Les vignerons, montés sur les arbres, s'empressoient d'y attacher la vigne après l'avoir taillée. Nous voyons quantité de femmes travailler à la vigne comme les hommes, et le laboureur faire retentir l'air de ses cris pour animer les bœufs sauvages à tirer la charrue. La campagne n'avoit rien que de riant. On se sert beaucoup en ce pays de

(1) Turpetin est, à notre connaissance, le seul pèlerin qui ait visité Pérouse dans le cours de son itinéraire.

ces bœufs sauvages ou bufles, qui est un animal fort lent.

Florence est la capitale de la Toscane et la demeure ordinaire du grand Duc. Cette ville est une des plus belles et des plus peuplées de l'Italie ; ses églises magnifiques, ses maisons agréables et bien bâties, ses rues larges et droites et pavées de grandes pierres, lui ont attiré le surnom de Belle. L'église cathédrale est grande et très propre, le dôme est un des plus beaux de l'Italie, enrichi de belles peintures ; le pavé est de marbre et le dehors de l'église pareillement ; la tour où sont les cloches est aussi de marbre ; c'est un ouvrage délicat. On voit devant la porte de l'église, dans le milieu de la place, une chapelle ronde, de forme exagone, appelée le Baptistaire ; elle est enrichie de belles colonnes et de belles figures.

L'église de Saint-Laurent est très célèbre ; il y a une chapelle qui est un ouvrage à voir. L'église de l'Annonciade est en très grande dévotion : on y voit quantité de dons et de présents qui ont été offerts à la Très-Sainte-Vierge en actions de grâces des bienfaits que les personnes qui les ont donnés ont reçu de cette Mère de Miséricorde. La rivière d'Arne (1) coupe cette ville en deux parties assemblées par quatre beaux ponts de pierres, qui sont fort larges.

(1) L'Arno.

Nous partîmes, le 17, de Florence et nous arrivâmes à Pise le 19. C'étoit autrefois une république. Cette ville à présent est encore considérable ; elle est divisée par la rivière d'Arne, qu'on y passe sur trois ponts. L'église cathédrale est une belle pièce et le baptistaire qui est à côté. On voit, proche, un grand cimetière appelé le Campo Santo, parce qu'il y a du champ d'Aceldama ; il est environné de grandes galeries. La tour qui est proche de l'église est un ouvrage curieux ; elle est environnées par dehors de belles galeries les unes sur les autres, très délicatement travaillées ; elle penche si fort d'un côté, que si on n'étoit pas persuadé que l'ouvrier l'a fait exprès, on s'imagineroit qu'elle seroit prête à tomber.

XXII

EMBARQUEMENT A LIVOURNE ET RETOUR EN FRANCE

Le jeudi 20 février, nous arrivâmes à Livourne, où d'abord je louai une chambre afin d'éviter les dépenses que l'on est obligé de faire dans les hôtelleries.

Il me semble que l'on voit beaucoup plus de dévotion dans toute l'Italie que dans la France ; on y élève les enfants avec beaucoup de piété. Quoiqu'il y eût tous les jours dans Livourne la bénédiction du Très-Saint-Sacrement, il s'y trouvoit toujours un très grand nombre de personnes ; la manière pieuse avec laquelle on le porte aux malades édifie extrêmement : le Saint-Sacrement est précédé d'une personne qui porte un beau drapeau et plusieurs autres avec des flambeaux de cire blanche ; j'en ai vu quelquefois plus de quarante. Ces flambeaux sont portés par toutes sortes de personnes ; on en voit de conséquence et d'autres qui ne le sont pas, qui se mêlent fort indifféremment sans observer aucun rang. Le prêtre est revêtu d'une chape et d'un voile, et ordinairement accompagné d'un autre ecclésiastique en surplis. Le dais est porté par quatre personnes ; mais ce qui fait beaucoup de plaisir est de voir un très grand nombre d'hommes et de femmes s'empresser de suivre le Sauveur, à l'exemple de ces peuples heureux qui le suivoient, lorsqu'il étoit sur la terre, jusque dans les déserts.

Je reçus, à Livourne, des lettres de la patrie et je connus, par la lecture que j'en fis, que mon entreprise avoit été tout à fait désapprouvée ; mais on ne comprenoit pas assez les motifs qui m'avoient fait agir. Je conviens que quelque saints que soient les lieux qu'on se propose de visiter, il ne faut cependant pas entreprendre ces pèlerinages sans de grandes précautions, et cela par rapport aux grandes dissipations qui sont presque inséparables des voyages. Je sais qu'il y a de saints auteurs (1) qui ne sont pas pour les pèlerinages à cause des dangers qu'il y a de se corrompre et des abus qui s'y glissent. Véritablement, j'ai appris par expérience qu'il étoit très difficile de remplir ses devoirs de Chrétien à cause du danger qu'il y a de se corrompre. Des grandes maladies et des grandes fatigues; on trouve tant de différents objets, tant de circonstances, tant de mauvais exemples, que si on n'étoit pas à tout moment sur ses gardes, on tomberoit infailliblement dans le péché. On s'expose à être volé, à être tué. Aurions-nous assez de vertu pour ne rien faire qui fût indigne d'un Chrétien si nous avions le malheur de tomber en esclavage entre les mains d'un barbare qui n'a rien tant en haine que le nom chrétien, et qui ne nous conserve la vie que pour nous faire travailler souvent comme des bêtes? Souffrons-nous les maladies, les dégoûts, les mauvais temps, et tant de choses qui se rencontrent, de la manière dont nous les devrions souffrir? Comment supportons-nous les tempêtes qui sont si fréquentes sur mer? Elles sont si terribles que, quelques descriptions que l'on en fasse, on ne peut représenter qu'une petite idée de ce qui en est. Voilà une partie des choses sur lesquelles on devroit s'examiner sérieusement, afin de ne pas s'exposer témérairement dans des occasions de péchés.

(1) Surtout saint Grégoire de Nysse, *Epistola II, De iis qui adeunt Hierosolymam*. (Migne, *Patrol. Gr.*, t. XLVI, col. 1009.)

Dès que j'eus connu qu'il étoit nécessaire que je me rendisse à Beaugency, je cherchai les moyens de partir. Je parlai au capitaine d'une petite pinque, nommée le *Saint-François,* qui étoit prête à mettre à la voile pour Marseille ; je convins avec lui du prix de mon passage, et je m'embarquai le 16 mars sur le soir. Nous restâmes le mardi dans le port à cause du vent contraire, et le mercredi 18 au matin on leva l'ancre et nous commençâmes à faire route. Je remarque que quelques jours devant mon embarquement je ressentis des mouvements de crainte, je crois, plus violents que la première fois que je me mis sur mer ; c'est que, dans ce temps-là, je ne connoissois les tempêtes que par le récit que j'en avois entendu faire ou par la description qu'en font les auteurs, au lieu qu'alors j'avois expérimenté moi-même ce qui en étoit, ce qui est tout autre chose.

Nous passâmes, le lundi, devant Gênes. Quoique nous eussions presque toujours eu un temps assez contraire, sur le soir le vent s'augmenta ; il nous devint encore plus défavorable. Le vendredi, nous passâmes devant Monaco, qui est une place très forte, Nice ; cette côte est très belle : on découvre des villes, des villages ; la diversité des montagnes forme souvent des aspects très agréables à la vue.

La nuit du vendredi fut fâcheuse pour nous, le vent étoit violent et la mer extrêmement grosse ; un coup de mer rompit le bout de la vergue du grand mât. Le mauvais temps continuant toujours, nous fûmes obligés, le samedi, de mouiller proche de petites îles appelées par les habitants du pays les îles de Sainte-Marguerite et de Saint-Honorat ; cette dernière se nommoit autrefois l'île de Lerins, d'où sont sortis un très grand nombre de saints et de grands personnages.

Je quittai là notre vaisseau et je me fis passer à Cannes, petite ville en Provence, afin d'aller par terre à la Sainte-Baume, en la compagnie de deux personnes avec lesquelles j'étois venu de Notre-Dame-de-Lorette.

Nous passâmes par Fréjus, Draguignan, Fajol, Bras, Codiniac ; nous visitâmes Notre-Dame-de-Grâce, qui est en grande dévotion dans ce pays ; Saint-Joseph, nous bûmes de l'eau de la fontaine que ce grand saint découvrit autrefois à un pauvre homme qui se trouvoit dans un grand besoin de boire. Nous y passâmes la fête de l'Annonciation de la Très-Sainte-Vierge.

Nous fûmes coucher, le 26 mars, à Saint-Maximin. Cette ville est de médiocre grandeur, qui n'est, je crois, recommandable que par rapport aux reliques qu'elle possède et à l'église de Saint-Maximin, qui est un prieuré de Jacobins de fondation royale; on la peut compter entre les belles églises de France, mais elle n'est pas achevée. On nous montra la tête de sainte Madeleine enchâssée dans un chef d'or, un petit vase de cristal où il y a de la terre trempée du sang précieux de Jésus-Christ, que cette grande sainte recueillit sur le Calvaire. Le religieux qui nous montroit ces saintes reliques nous dit qu'on avoit vu quelquefois, le jour du Vendredi saint, une certaine rougeur comme si le sang s'étoit séparé de la terre. On nous montra encore un bras de cette sainte, des reliques de saint Maximin et de plusieurs autres saints.

Nous partîmes, le 27, de Saint-Maximin pour aller voir la Sainte-Baume, lieu où sainte Madeleine a fait une si austère pénitence; c'est une des plus hautes montagnes de Provence, mais qu'on a rendue assez facile à monter en y faisant, en plusieurs endroits, de larges degrés. On trouve, en montant, un bois de haute futaie et plusieurs piliers de pierre qui ont été faits apparemment pour montrer le chemin. On passe deux ou trois portes avant d'arriver à la sainte grotte, qui est environ aux deux tiers de la montagne. La vue de ce lieu inspire de la dévotion: c'est une caverne spacieuse qui a bien, je crois, 7 ou 8 toises en carré sur 2 ou 3 de hauteur. Il n'y a guère que l'endroit où couchoit sainte Madeleine, sur un lit de la même roche, où il ne tombe point d'eau. On y voit sa figure en marbre blanc, à demi couchée; on y monte par quatre ou cinq degrés. Ce saint lieu est orné de plusieurs lampes d'argent, et fermé par une grille de fer. Le grand autel est tout devant ce saint lieu, et, sur la gauche en entrant, on voit un petit endroit où sont les chaires des religieux ; sur la droite, un lieu assez sombre, où on descend plusieurs marches, où il y a une représentation du sépulcre de Notre-Seigneur, et, dans le fond de la grotte, une fontaine. L'entrée de cette sainte grotte est à présent fermée d'un mur où il y a une grande porte pour y entrer. On voit, tout proche, les chambres des religieux qui y sont envoyés de Saint-Maximin pour faire l'office (il n'y en avoit alors que trois) et une hôtellerie pour loger les étrangers. Nous avions été voir le saint Pilon avant que de visiter cette sainte grotte : c'est un pilier qui tient à une petite chapelle bâtie au plus haut de la montagne, sur lequel on prétend que les Anges enlevoient plusieurs fois sainte Madeleine plusieurs fois le jour.

On est touché de componction à la vue de ces saints Lieux.

Le lendemain, 28 mars, après avoir fait nos dévotions, nous quittâmes cette sainte demeure, et après avoir descendu plusieurs montagnes, entre autres une très rude et très difficile, nous arrivâmes à Marseille très fatigués ; car on peut dire que depuis Cannes jusqu'à Marseille, on ne trouve que montagnes, que déserts affreux, des chemins si remplis de pierres, que très souvent on ne sait où mettre les pieds.

Je partis de Marseille le premier jour d'avril ; je restai les derniers jours de la Semaine sainte à Valence, d'où je partis la veille de Pâques après midi, et je fus coucher à Tournon, où je passai les fêtes. Ensuite, après avoir passé par une grande partie des villes dont j'ai déjà parlé, j'arrivai, par la grâce du Seigneur, à Beaugency, le vingt-neuf du mois d'avril mil sept cent seize, dans une santé parfaite.

FIN

TABLE

—

BIBLIOTHÈQUE NATIONALE R.F.

Imp. Georges Jacob, — Orléans.

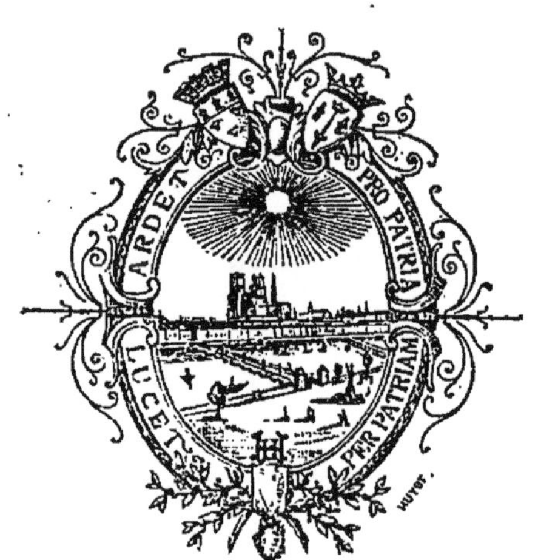
ARDET
PRO PATRIA
LUCET
PER PATRIAM

ABRAHAM-ISAAC
JACOB-1687
G JACOB
1860

www.ingramcontent.com/pod-product-compliance
Ingram Content Group UK Ltd.
Pitfield, Milton Keynes, MK11 3LW, UK
UKHW012206240726
13966UKWH00002B/609

9 782013 658140